国家自然科学基金委员会
2023年度报告

NATIONAL NATURAL SCIENCE FOUNDATION OF CHINA
2023 ANNUAL REPORT

国家自然科学基金委员会　编著

ZHEJIANG UNIVERSITY PRESS
浙江大学出版社
·杭州·

图书在版编目（CIP）数据

国家自然科学基金委员会2023年度报告 / 国家自然科学基金委员会编著. -- 杭州 : 浙江大学出版社, 2024.3

ISBN 978-7-308-24723-8

Ⅰ. ①国… Ⅱ. ①国… Ⅲ. ①中国国家自然科学基金委员会－研究报告－2023 Ⅳ. ①N26

中国国家版本馆CIP数据核字(2024)第040953号

国家自然科学基金委员会2023年度报告

国家自然科学基金委员会　编著

出版事务统筹　国家自然科学基金委员会科学传播与成果转化中心
责任编辑　陈　宇
责任校对　冯其华
封面设计　浙信文化
出版发行　浙江大学出版社
（杭州天目山路148号　邮政编码：310007）
（网址：http://www.zjupress.com）
排　　版　杭州林智广告有限公司
印　　刷　浙江海虹彩色印务有限公司
开　　本　889mm×1194mm　1/16
印　　张　13
字　　数　240千
版 印 次　2024年3月第1版　2024年3月第1次印刷
书　　号　ISBN 978-7-308-24723-8
定　　价　98.00元

版权所有　侵权必究　　印装差错　负责调换
浙江大学出版社市场运营中心联系方式：(0571) 88925591；http://zjdxcbs.tmall.com

编辑委员会

主　　任：韩　宇

委　　员：（以姓氏笔画为序）

王　岩　王　琨　王岐东　王翠霞

吕淑梅　朱蔚彤　刘　克　刘作仪

孙瑞娟　杨俊林　谷瑞升　张永涛

张洪刚　封文安　柯　兵　姚玉鹏

殷文璇　郭建泉　彭　杰　董国轩

韩智勇　潘　庆

主　　编：韩　宇

副 主 编：敬亚兴　杨列勋　张志旻

编辑部成员：齐昆鹏　李　勇　冯　勇

前言 FOREWORD

2023 年，国家自然科学基金委员会（以下简称自然科学基金委）深入开展学习贯彻习近平新时代中国特色社会主义思想主题教育，全面贯彻党的二十大和二十届二中全会精神，深入贯彻落实习近平总书记在中共中央政治局第三次集体学习时的重要讲话精神，根据党中央、国务院决策部署，按照中央科技委工作要求，深刻领会教育、科技、人才一体推进战略部署，坚持“四个面向”，坚持目标导向和自由探索“两条腿走路”，认真落实机构改革任务，突出原始创新和人才培养，系统部署并顺利完成全年资助管理工作。

强化基础研究前瞻性、战略性、系统性布局，夯实科技自立自强根基。科学制订和实施年度资助计划，全年共接收 2 404 个依托单位的 31.83 万项申请，批准 5.25 万项，资助经费 318.79 亿元。鼓励自由探索，突出原创，资助面上项目 20 321 项、原创探索计划项目 156 项。围绕“四个面向”部署战略性研究，启动实施“集成芯片前沿技术科学基础”等重大研究计划 3 项，资助重点项目 751 项，部署重大项目 53 项，资助国家重大科研仪器研制项目 67 项。持续扩大联合基金范围，江苏省、江西省和宁波市加入区域创新发展联合基金，目前已有 29 个省（区、市）和 12 家中央企业分别加入区域 / 企业创新发展联合基金，与 9 个行业部门分别设立 10 个联合基金，全年共资助联合基金项目 1 160 项。2023 年度协议期内吸引委外资金 29.40 亿元，相当于中央财政投入的 8.66%。接受北京小米公益基金会捐赠 1 亿元，实现科学基金接受社会捐赠“零的突破”。

突出青年人才培养，构建高质量基础研究队伍。加大青年人才支持力度，资助青年科学基金项目 22 879 项，同比增加 617 项，继续做好优秀青年科学基金项目（海外）资助工作。积极支持中青年科学家承担重大类型项目，吸纳优秀青年人才参加评审。试点资助优秀本科生，坚持“少而精”，资助 129 项，启动资助优秀博士生试点。优化资助政策，取消面上项目、青年科学基金项目、地区科学基金项目不允许博士后变更依托单位的限制。研究制定《国家杰出青年科学基金项目结题分级评价及延续资助工作方案》，探索构建优秀人才的长周期稳定资助机制。优化基础科学中心项目实施机制，把科技资源投向最具创新活力的科技人才。

贯彻落实机构改革任务，确保党中央决策部署落实到位。平稳有序地推进机构改革和人员转隶，成立由党组书记担任组长的机构改革工作领导小组，制定工作方案和工作清单，深入开展调研走访，召开转隶人员欢迎会并围绕行政运转、业务融合、财务管理、网络系统等做好转隶衔接。推进应用基础研究组织模式和机制创新，加强咨询专家体系建设，修订《国家自然科学基金委员会咨询委员会章程》《国家自然科学基金委员会科学部专家咨询委员会工作办法》。加强应用场景驱动的重大科学问题凝练，深化与中国科学院、中国工程院的战略合作，强化“双清论坛”战略研究功能，推动共建基础研究战略情报合作网络，构建学科交叉和跨学科研讨平台。中国 21 世纪议程管理中心围绕“一个目标、四个平台”工作思路，认真组织开展国家重点研发计划相关重点专项管理，立项 630 余项。高技术研究发展中心加快构建“一体两翼”业务格局，认真组织开展重点专项及科技创新 2030—重大项目管理，立项 746 项。

深化科学基金体制机制改革，持续提升资助效能。推动实施科学基金“十四五”发展规划，三项核心任务进展良好。分类评审覆盖 26 万余项申请，占总数的 85%；“负责任、讲信誉、计贡献”评审机制改革试点范围扩大到学科总数的 94%；进一步规范申请代码调整，开展申请代码调整和运行监测评估。加快推进《国家自然科学基金条例》修订，推动法治基金建设。加强科学基金项目与其他国家科技计划的统筹，启动实施重大类型项目间的联合限项。持续开展科学部资助管理绩效评估试点，发现资助管理中的薄弱环节并提出改革举措。加强科学基金科普能力建设，制定印发《国家自然科学基金委员会关于新时代加强科学普及工作的意见》。建设完善开放获取仓储平台、成果转化平台，促进资助成果数据开放共享，与北京市、重庆市开展优秀资助成果对接活动，推动资助成果贯通转化。

深化国际科研合作，推动构筑国际基础研究合作平台。设立国际科研资助部，研究制定《面向全球的科学研究基金运行建议方案》，印发实施国际科研资助部“三定”规定。推进面向全球的科学研究基金试点，资助外国学者研究基金项目 277 项。与美国、德国等国家以及国内港澳地区的资助机构、国际组织开展互动交流及联合资助，资助国际（地区）合作研究与交流项目 654 项，其中，“一带一路”可持续发展国际合作科学计划项目 40 项。

推动实施评审专家被“打招呼”顽疾专项整治，塑造良好科研生态。扎实推进评审专家被“打招呼”顽疾专项整治，按照“正面引导、严明纪法、极限防守、严肃惩戒”的要求，通过优化评审管理流程、提高大同行专家比例、强化保密管理、明确禁止行为清单等措施，尽最大可能使“打招呼”不起作用，取得明显成效。统筹推进教育、激励、规范、监督、惩戒“五位一体”学风建设工作格局，修订实施《国家自然科学基金委员会监督委员会章程》《国家自然科学基金项目科研不端行为调查处理办法》，发布《科研诚信规范手册》。严肃查处科研不端行为，对 199 个案件中的 311 位责任人和 6 家依托单位做出处理，其中，有 27 人和 1 家依托单位涉及“打招呼”问题。

深入开展主题教育，坚持不懈用习近平新时代中国特色社会主义思想凝心铸魂。在主题教育中央第三十八指导组的指导下，扎实推进主题教育，抓好全面系统学习。深入学习贯彻党的二十大精神，用党的创新理论武装头脑、指导实践、推动工作，推动党建和业务工作融合互促。扎实开展干部队伍教育整顿，认真开展自查自纠和问题查摆。深化落实中央八项规定精神，系统推进全面从严治党、党风廉政建设和反腐败工作。主动接受中央纪委国家监委驻科学技术部纪检监察组监督指导，依法自觉接受审计署监督，认真推进机关党的建设专项督查整改和经济责任审计整改，开展财经纪律重点问题专项整治。

2024 年，自然科学基金委将坚持以习近平新时代中国特色社会主义思想为指导，持续深入学习贯彻党的二十大、二十届二中全会、中央经济工作会议精神，深入贯彻落实习近平总书记关于科技创新特别是关于加强基础研究的重要讲话和指示批示精神，按照党中央、国务院决策部署，在中央科技委领导下，坚持“四个面向”，坚持基础研究“两条腿走路”，牢牢把握科学基金战略定位，认真落实机构改革任务，深刻把握基础研究发展规律和趋势，聚焦“质量提升”，持续优化科学基金资助管理体系，不断强化科学基金资助基础研究的主渠道作用，夯实科技自立自强根基。

国家自然科学基金委员会党组书记、主任 窦贤康

CONTENTS

第一部分
概　述

NSFC

一、科学基金改革举措

2023 年，自然科学基金委贯彻落实党中央、国务院决策部署，坚持“四个面向”和“两条腿走路”的要求，强化基础研究的前瞻性、战略性、系统性布局，聚焦基础研究、应用基础研究和人才培养三大任务，推动科学基金系统性改革，持续提升资助效能，为实现高水平科技自立自强、建设世界科技强国提供有力支撑。

持续深化人才资助体制机制改革，把人才资助工作摆在更加突出的位置。试点开展对优秀博士研究生、本科生的直接资助，前移资助端口，尽早选拔人才，为构建高水平研究队伍提供“源头活水”。开展国家杰出青年科学基金项目结题分级评价及延续资助工作，强化其项目属性，构建对优秀人才的长周期稳定支持机制。在基础科学中心项目中，为优秀青年团队单设赛道，给予其更多“挑大梁”“当主角”的机会。将女性申请国家杰出青年科学基金项目的年龄限制放宽至 48 周岁，助推更多女性科技领军人才脱颖而出。推进对临床医师的科研评价体系改革，培养和造就一批临床科学研究领军人才。向港澳地区依托单位开放国家杰出青年科学基金项目，继续开放优秀青年科学基金项目和青年科学基金项目，三类项目对于港澳地区和内地依托单位采用相同的资助模式和评审标准，一视同仁，同台竞技，择优资助。

推动新时期联合基金改革，完善多元投入机制，提升联合基金资助效能。截至 2023 年底，已有 29 个省（区、市）加入区域创新发展联合基金，12 家企业加入企业创新发展联合基金，与 9 个行业部门设立 10 个联合基金。新时期联合基金吸引委外资金 162 亿元，委内匹配资金 51.7 亿元，合计 213.7 亿元。2023 年，协议期内吸引委外资金相当于当年科学基金中央财政投入的 8.66%，持续、稳定的基础研究多元投入机制已初步建成。

落实机构改革任务，谋划应用基础研究布局。按照《党和国家机构改革方案》的要求，推动中国 21 世纪议程管理中心、高技术研究发展中心转隶工作。探索两个中心承担的国家重点研发计划项目、科技创新 2030—重大项目和科学基金重大类型项目的统筹部署，研究推进资助领域的协同配合。

深入实施原创探索计划项目，持续激励原始创新。瞄准提升原始创新能力，在所有类型项目的申请和评审中鼓励原创，进一步强调对原始创新的关注、保护和支持。继续实施原创探索计划项目，对原创性强、难以通过常规评审机制获得资助的项目设立专门渠道，遴选具有非共识、颠覆性、高风险等特征的原创项目，引导和激励广大科研人员投身原创性基础研究工作。

发挥科学基金国际通行的独特优势，推进高水平科技交流合作。进一步挖掘双多边合作渠道与合作潜力，推动构筑基础研究国际合作平台，稳步开展全球科技创新合作联合资助。持续深化与境外合作伙伴政策对话，积极参与全球科技治理。成立国际科研资助部，设立面向全球科学研究基金项目，健全面向全球的高水平科学研究基金资助管理体系，推动构建具有全球竞争力的开放创新生态。

遵循“正面引导、极限防守、严肃惩戒”的工作原则，强化宣传引导、严明评审纪律，坚决整治评审专家被“打招呼”顽疾。系统总结工作经验做法，持续完善评审机制、优化评审流程，建立覆盖通讯评审、会议评审全流程的防范整治评审专家被“打招呼”的工作机制和制度体系，切实强化监督、抓好落实，营造风清气正的科研生态。

持续优化申请与评审要求，减轻申请与评审负担。根据基础研究发展的新形势和新要求，优化分类申请与评审模式，将四类科学问题属性简并为“自由探索类基础研究”和“目标导向类基础研究”两类研究属性。取消面上项目连续两年申请未获资助后暂停一年申请的限制。取消面上项目、青年科学基金项目和地区科学基金项目不允许博士后研究人员变更依托单位的限制。面上项目、青年科学基金项目、地区科学基金项目、重点项目、优秀青年科学基金项目、国家杰出青年科学基金项目、创新研究群体项目、基础科学中心项目、联合基金项目、国家重大科研仪器研制项目和重大项目的研究期限由信息系统结合项目类型自动生成，为申请人提供更便捷的服务。

二、财政预算支出与资助总体情况

（一）财政预算支出总体情况

2023 年，国家自然科学基金财政预算 3 419 603.33 万元，其中，资助项目经费预算 3 367 270.18 万元。2023 年完成资助项目资金拨款 3 322 676.76 万元，其中，资助项目直接费用拨款 2 804 360.45 万元，间接费用拨款 518 316.31 万元。

2023 年度国家自然科学基金财政预算统计见表 1–2–1。

表 1–2–1　2023 年度国家自然科学基金财政预算统计

序　号	项目类型	当年财政预算（万元）	当年财政支出（万元）
1	面上项目	1 261 626.18	1 259 639.11
2	重点项目	238 197.00	237 379.12
3	重大项目	88 574.00	87 646.83
4	重大研究计划项目	85 637.00	77 068.89
5	国际（地区）合作研究项目	85 473.00	84 367.35
6	青年科学基金项目	681 979.00	681 979.00
7	优秀青年科学基金项目	135 852.00	135 852.00
8	国家杰出青年科学基金项目	142 819.00	142 008.46
9	创新研究群体项目	48 452.00	48 437.80
10	地区科学基金项目	131 998.00	130 152.79
11	联合基金项目	83 441.00	81 943.67
12	国家重大科研仪器研制项目	98 455.00	98 323.04
13	基础科学中心项目	116 130.00	115 347.25
14	专项项目	123 785.00	113 882.45
15	数学天元基金项目	5 010.00	2 472.00
16	外国学者研究基金项目	28 737.00	25 064.00
17	国际（地区）合作交流项目	938.00	938.00
18	面向全球科学研究基金项目	10 167.00	175.00
合　计		3 367 270.18	3 322 676.76

（二）资助总体情况

2023 年，国家自然科学基金资助各类项目 3 781 890.28 万元，其中，资助项目直接费用 3 187 901.38 万元，核定 1 215 个依托单位间接费用 593 988.90 万元。

2023 年度国家自然科学基金资助项目经费统计见表 1–2–2。

表 1-2-2　2023 年度国家自然科学基金资助项目经费统计

序　号	项目类型	资助数（项）	资助金额（万元）		
			直接费用 *	间接费用	合计
1	面上项目	20 321	1 005 057.00	301 181.88	1 306 238.88
2	重点项目	751	168 530.00	49 665.18	218 195.18
3	重大项目	53	75 366.20	21 146.72	96 512.92
4	重大研究计划项目	340	77 941.13	20 375.35	98 316.48
5	国际（地区）合作研究项目	360	62 932.60	18 328.06	81 260.66
6	青年科学基金项目 *	22 879	680 030.00		680 030.00
7	优秀青年科学基金项目 *	655	131 000.00		131 000.00
8	国家杰出青年科学基金项目 *	415	162 880.00		162 880.00
9	创新研究群体项目	43	42 400.00	8 600.00	51 000.00
10	地区科学基金项目	3 538	112 171.00	34 014.13	146 185.13
11	联合基金项目	1 160	315 783.00	59 775.33	375 558.33
12	国家重大科研仪器研制项目	67	83 215.65	19 049.00	102 264.65
13	基础科学中心项目	19	113 988.00	22 398.48	136 386.48
14	专项项目 *	1 227	120 002.50	32 393.65	152 396.15
15	数学天元基金项目	148	6 000.00	0	6 000.00
16	外国学者研究基金项目	277	24 990.00	7 061.12	32 051.12
17	国际（地区）合作交流项目	294	5 614.30	0	5 614.30
合　计		52 547	3 187 901.38	593 988.90	3 781 890.28

注：①间接费用数据统计包含以前年度未核定间接费用纳入本次核定的项目数据。

②直接费用合计金额包含包干制项目经费，青年科学基金项目、优秀青年科学基金项目、国家杰出青年科学基金项目以及专项项目中的青年学生基础研究项目实行经费包干制。

三、结题总体情况

2023 年国家自然科学基金结题项目 44 225 项，相关研究成果获国家级奖励 424 项次，其中，国家自然科学奖 121 项次，国家科学技术进步奖 235 项次，国家技术发明奖 68 项次；省部级奖励 5 325 项次；获国外授权专利 1 978 项次，国内授权专利 57 738 项次。

2023 年度国家自然科学基金结题项目成果统计见表 1-3-1。

表 1-3-1　2023 年度国家自然科学基金结题项目成果统计

成果形式		面上项目	重点项目	重大项目	重大研究计划项目	青年科学基金项目	地区科学基金项目	优秀青年科学基金项目	国家杰出青年科学基金项目	创新研究群体项目	海外及港澳学者合作研究基金项目	联合基金项目	国家重大科研仪器研制项目	基础科学中心项目	应急管理项目	国际（地区）合作与交流项目
结题项目（项）		18 468	668	216	522	18 136	2 925	623	196	38	21	759	86	4	635	928
论著（篇 / 部）	国际学术会议特邀报告	4 183	1 248	634	317	916	100	462	362	262	4	379	187	165	57	582
	国内学术会议特邀报告	8 445	1 908	1 138	459	1 583	346	885	514	308	23	711	253	97	178	655
	期刊论文	240 878	28 546	16 807	9 250	107 075	26 636	10 655	7 679	6 868	277	17 887	4 002	1 899	2 739	11 167
	会议论文	19 730	2 745	657	417	8 222	1 668	883	468	154	59	2 651	382	0	174	747
	SCI 检索系统收录论文	144 236	17 544	6 879	5 227	62 481	11 560	7 369	4 847	4 436	111	10 660	2 139	1 260	902	6 716
	EI 检索系统收录论文	18 284	2 566	955	251	8 041	2 113	830	505	121	38	2 387	225	7	131	651
	专著	2 598	357	187	70	1 155	444	122	113	57	2	174	28	6	50	132
专利（项次）	国外授权专利	883	140	50	43	406	88	71	72	37	0	72	64	11	1	40
	国内授权专利	26 807	3 271	1 629	787	12 757	3 193	1 461	1 144	1 129	23	3 007	892	226	170	1 242
获奖（项次）	国家级奖	184	55	35	10	27	3	12	23	19	2	26	6	4	1	17
	省部级奖	2 740	291	142	75	1 013	288	167	99	75	2	230	31	5	21	146
人才培养（人）	博士后	2 207	627	305	283	704	54	203	258	157	11	241	55	78	46	268
	博士	21 424	3 999	2 020	1 332	2 819	749	997	1 221	1 418	51	1 640	557	256	292	1 425
	硕士	52 947	5 271	2 904	1 307	11 758	7 362	1 740	1 024	1 127	65	4 269	819	82	630	1 799

注：①数据来源于项目负责人提供的结题报告。

②国际（地区）合作与交流项目包括国际（地区）合作研究项目、外国学者研究基金项目和国际（地区）合作交流项目。

③应急管理项目统计包括专项项目和数学天元基金项目。

第二部分

资助情况与资助项目选介

NSFC

一、各类项目申请与资助统计

（一）面上项目

支持从事基础研究的科学技术人员在科学基金资助范围内自主选题，开展创新性的科学研究，促进各学科均衡、协调和可持续发展。

2023 年度面上项目申请总数 119 636 项。按四类科学问题属性划分项目申请总数，其中，鼓励探索、突出原创的占 3.81%，聚焦前沿、独辟蹊径的占 44.66%，需求牵引、突破瓶颈的占 46.78%，共性导向、交叉融通的占 4.75%。

2023 年度面上项目申请与资助统计数据见表 2-1-1、表 2-1-2；项目负责人年龄段统计情况如图 2-1-1 所示，项目组成人员情况如图 2-1-2 所示。

表 2-1-1 2023 年度面上项目按科学部统计申请与资助情况

科学部	申请数（项）	资助数（项）	资助直接费用（万元）	平均资助强度[①]（万元 / 项）	资助率[②]（%）
数学物理科学部	8 703	1 872	93 630.00	50.02	21.51
化学科学部	9 694	2 015	100 730.00	49.99	20.79
生命科学部	17 005	3 188	159 400.00	50.00	18.75
地球科学部	10 085	2 106	105 920.00	50.29	20.88
工程与材料科学部	21 921	3 486	175 337.00	50.30	15.90
信息科学部	12 520	2 183	109 160.00	50.00	17.44
管理科学部	4 699	844	34 240.00	40.57	17.96
医学科学部	35 009	4 627	226 640.00	48.98	13.22
合计 / 平均值	119 636	20 321	1 005 057.00	49.46	16.99

注：①平均资助强度 = 资助直接费用 / 批准资助数（下同）。

②资助率 = 批准资助数 / 接收申请数（下同）。

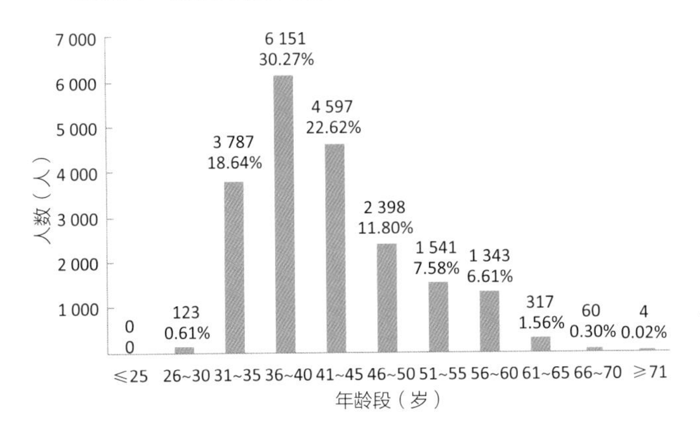

图 2-1-1 2023 年度面上项目负责人按年龄段统计

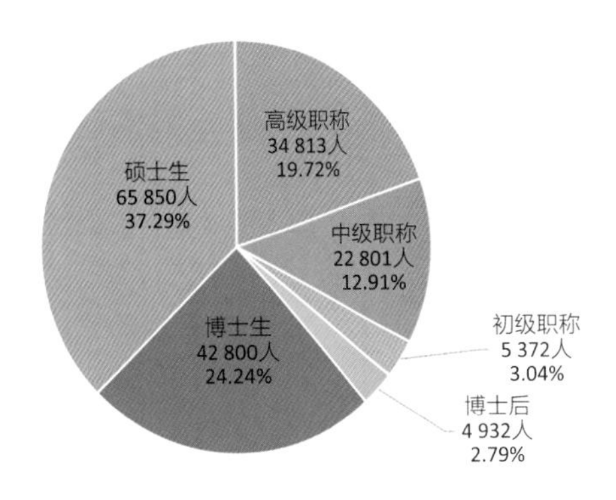

图 2-1-2 2023 年度面上项目组成人员分布及所占比例

表 2-1-2　2023 年度面上项目按地区统计资助情况

序　号	省、自治区、直辖市	资助数（项）	资助直接费用（万元）	序　号	省、自治区、直辖市	资助数（项）	资助直接费用（万元）
1	北　京	3 276	162 015.00	17	吉　林	346	17 197.00
2	上　海	2 173	106 852.50	18	河　南	334	16 569.50
3	江　苏	2 114	104 450.00	19	甘　肃	199	9 947.00
4	广　东	2 085	102 533.50	20	山　西	169	8 452.00
5	湖　北	1 234	61 021.00	21	云　南	147	7 353.00
6	陕　西	1 090	54 324.50	22	河　北	139	6 930.00
7	浙　江	1 094	54 188.00	23	江　西	103	5 128.50
8	山　东	955	47 521.50	24	广　西	62	3 101.00
9	四　川	808	39 896.50	25	海　南	48	2 391.50
10	湖　南	766	37 839.50	26	贵　州	45	2 282.00
11	辽　宁	579	28 653.50	27	新　疆	34	1 684.00
12	安　徽	565	27 978.50	28	内蒙古	25	1 251.00
13	天　津	556	27 474.50	29	宁　夏	11	563.00
14	黑龙江	468	23 295.50	30	青　海	7	346.00
15	福　建	465	22 887.50	31	西　藏	2	100.00
16	重　庆	422	20 830.00		合　计	20 321	1 005 057.00

（二）重点项目

支持从事基础研究的科学技术人员针对已有较好基础的研究方向或学科生长点开展深入、系统的创新性研究，促进学科发展，推动若干重要领域或科学前沿取得突破。

2023 年度重点项目申请总数 4 306 项。按四类科学问题属性划分项目申请总数，其中，鼓励探索、突出原创的占 4.46%，聚焦前沿、独辟蹊径的占 44.24%，需求牵引、突破瓶颈的占 47.70%，共性导向、交叉融通的占 3.60%。

2023 年度重点项目申请与资助统计数据见表 2-1-3；项目负责人年龄段统计情况如图 2-1-3 所示，项目组成人员情况如图 2-1-4 所示。

表 2-1-3　2023 年度重点项目按科学部统计申请与资助情况

科学部	申请数（项）	资助数（项）	资助直接费用（万元）	平均资助强度（万元/项）	资助率（%）
数学物理科学部	496	91	20 930.00	230.00	18.35
化学科学部	324	67	15 410.00	230.00	20.68
生命科学部	740	110	24 200.00	220.00	14.86
地球科学部	633	107	24 610.00	230.00	16.90

续 表

科学部	申请数（项）	资助数（项）	资助直接费用（万元）	平均资助强度（万元/项）	资助率（%）
工程与材料科学部	814	103	23 690.00	230.00	12.65
信息科学部	343	114	26 450.00	232.02	33.24
管理科学部	131	32	5 300.00	165.63	24.43
医学科学部	825	127	27 940.00	220.00	15.39
合计/平均值	4 306	751	168 530.00	224.41	17.44

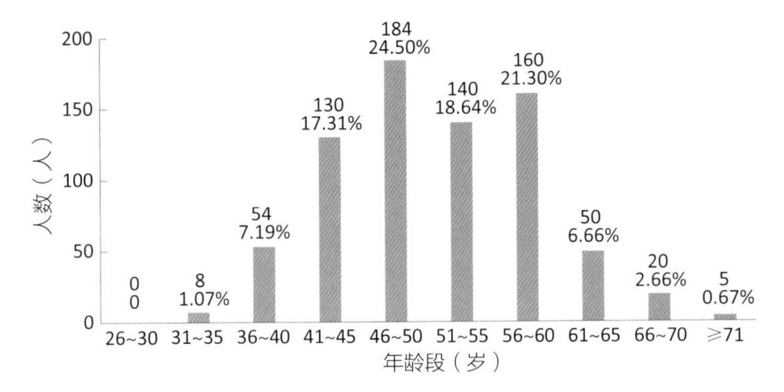

图 2-1-3　2023 年度重点项目负责人按年龄段统计

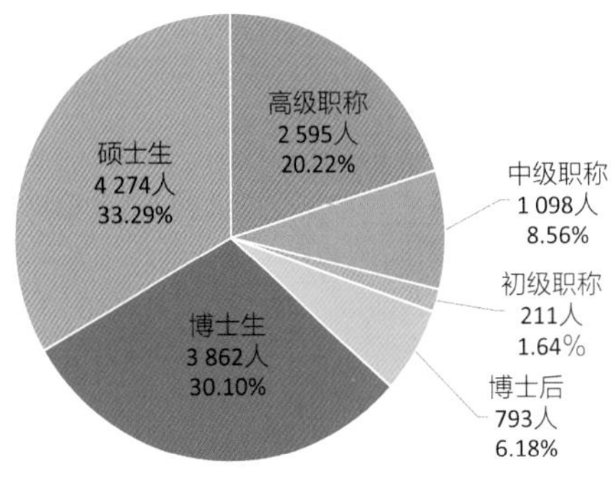

图 2-1-4　2023 年度重点项目组成人员分布及所占比例

（三）重大项目

面向科学前沿和国家经济、社会、科技发展及国家安全的重大需求中的重大科学问题，超前部署，开展多学科交叉研究和综合性研究，充分发挥支撑与引领作用，提升我国基础研究源头创新能力。

2023 年度重大项目接收申请 143 项，经专家评审，批准资助 53 项，总直接经费 75 366.20 万元。

2023 年度重大项目申请与资助统计数据见表 2-1-4。

表 2-1-4　2023 年度重大项目按科学部统计申请与资助情况

科学部	申请数（项）	资助数（项）	资助直接费用（万元）	平均资助强度（万元/项）
数学物理科学部	12	5	7 364.00	1 472.80
化学科学部	12	6	8 924.76	1 487.46
生命科学部	14	6	8 960.10	1 493.35
地球科学部	16	6	8 315.84	1 385.97
工程与材料科学部	17	9	11 667.00	1 296.33

续 表

科学部	申请数（项）	资助数（项）	资助直接费用（万元）	平均资助强度（万元 / 项）
信息科学部	9	6	8 997.50	1 499.58
管理科学部	8	4	4 662.60	1 165.65
医学科学部	45	6	8 980.40	1 496.73
交叉科学部	10	5	7 494.00	1 498.80
合计 / 平均值	143	53	75 366.20	1 422.00

（四）重大研究计划项目

围绕国家重大战略需求和重大科学前沿，加强顶层设计，凝练科学目标，凝聚优势力量，形成具有相对统一目标或方向的项目集群，促进学科交叉与融合，培养创新人才和团队，提升我国基础研究的原始创新能力，为国民经济、社会发展和国家安全提供科学支撑。

2023 年度重大研究计划项目申请与资助情况见表 2–1–5。

表 2–1–5　2023 年度重大研究计划项目申请与资助情况

序　号	重大研究计划名称	申请数（项）	资助数（项）	资助直接费用（万元）
1	糖脂代谢的时空网络调控	25	8	6 500.00
2	多层次手性物质的精准构筑	50	10	5 055.00
3	西太平洋地球系统多圈层相互作用	4	3	3 600.00
4	航空发动机高温材料 / 先进制造及故障诊断科学基础	59	11	5 310.00
5	新型光场调控物理及应用	1	1	336.00
6	水圈微生物驱动地球元素循环的机制	8	5	1 670.00
7	湍流结构的生成演化及作用机理	1	1	276.00
8	生物大分子动态修饰与化学干预	12	5	1 960.00
9	细胞器互作网络及其功能研究	52	8	3 000.00
10	特提斯地球动力系统	5	4	1 756.00
11	团簇构造、功能及多级演化	36	6	3 300.00
12	功能基元序构的高性能材料基础研究	1	1	500.00
13	未来工业互联网基础理论与关键技术	92	20	4 500.00
14	超越传统的电池体系	247	36	4 360.00
15	集成芯片前沿技术科学基础	108	29	4 598.73
16	免疫力数字解码	278	28	3 997.00
17	肿瘤演进与诊疗的分子功能可视化研究	139	8	2 720.00
18	后摩尔时代新器件基础研究	47	12	1 830.00
19	组织器官再生修复的信息解码及有序调控	397	20	2 660.00

续 表

序 号	重大研究计划名称	申请数（项）	资助数（项）	资助直接费用（万元）
20	第二代量子体系的构筑和操控	99	29	5 500.00
21	极端条件电磁能装备科学基础	25	9	4 499.00
22	冠状病毒－宿主免疫互作的全景动态机制与干预策略	109	23	2 459.00
23	可解释、可通用的下一代人工智能方法	325	40	4 176.00
24	多物理场高效飞行科学基础与调控机理	125	23	3 378.40
合 计		2 245	340	77 941.13

（五）国际（地区）合作研究项目

资助科学技术人员立足国际科学前沿，有效利用国际科技资源，本着平等合作、互利互惠、成果共享的原则开展实质性国际（地区）合作研究，以提高我国科学研究水平和国际竞争能力。国际（地区）合作研究项目包括重点国际（地区）合作研究项目和组织间国际（地区）合作研究项目。重点国际（地区）合作研究项目资助科学技术人员围绕科学基金优先资助领域、我国迫切需要发展的重要研究领域、由我国科学家组织或参与的国际大型科学研究项目或计划以及利用国际大型科学设施与境外合作者开展的国际（地区）合作研究。组织间国际（地区）合作研究项目旨在扩大双（多）边合作，充分利用和发挥国际科技组织在开展跨国跨境科学研究计划中的协调机制，推进中国科学家参与、筹划和开展有重要科学意义的跨国跨境的区域性研究计划，积极推进与“一带一路”共建国家的合作及可持续发展国际合作科学计划的实施；重视并持续加强与港澳台地区科学家的合作与交流。

2023年度国际（地区）合作研究项目申请与资助统计数据见表2–1–6、表2–1–7。

表2–1–6 2023年度重点国际（地区）合作研究项目按科学部统计申请与资助情况

科学部	申请数（项）	资助数（项）	资助直接费用（万元）	平均资助强度（万元 / 项）
数学物理科学部	18	5	1 050.00	210.00
化学科学部	22	5	1 080.00	216.00
生命科学部	75	12	2 484.00	207.00
地球科学部	43	7	1 470.00	210.00
工程与材料科学部	72	9	1 890.00	210.00
信息科学部	67	11	2 340.00	212.73
管理科学部	21	3	570.00	190.00
医学科学部	134	22	4 620.00	210.00
合计 / 平均值	452	74	15 504.00	209.51

表 2-1-7　2023 年度组织间国际（地区）合作研究项目按科学部统计申请与资助情况

科学部	申请数（项）	资助数（项）	资助直接费用（万元）	平均资助强度（万元 / 项）
数学物理科学部	138	26	4 522.00	173.92
化学科学部	470	45	7 391.00	164.24
生命科学部	323	51	9 214.00	180.67
地球科学部	401	58	9 215.00	158.88
工程与材料科学部	290	31	4 832.00	155.87
信息科学部	279	24	3 909.00	162.88
管理科学部	141	22	3 468.60	157.66
医学科学部	275	29	4 877.00	168.17
合计 / 平均值	2 317	286	47 428.60	165.83

（六）青年科学基金项目

支持青年科学技术人员在科学基金资助范围内自主选题，开展基础研究工作，特别注重培养青年科学技术人员独立主持科研项目、进行创新研究的能力，激励青年科学技术人员的创新思维，培育基础研究后继人才。2023 年，青年科学基金项目继续面向港澳地区依托单位的科学技术人员开放申请，与内地依托单位科研人员采用相同的资助模式和评审标准。

2023 年度青年科学基金项目接受申请 134 305 项，经专家评审，批准资助 22 879 项。实行经费包干制，总资助经费为 680 030.00 万元。

2023 年度青年科学基金项目申请与资助统计数据见表 2-1-8、表 2-1-9；项目负责人专业技术职务统计如图 2-1-5 所示，学位统计如图 2-1-6 所示。

表 2-1-8　2023 年度青年科学基金项目按科学部统计申请与资助情况

科学部	申请数（项）	资助数（项）	资助经费（万元）	资助率（%）
数学物理科学部	8 795	2 281	67 620.00	25.94
化学科学部	11 143	2 091	61 890.00	18.77
生命科学部	18 316	3 073	91 210.00	16.78
地球科学部	10 280	2 263	67 150.00	22.01
工程与材料科学部	22 454	3 909	116 200.00	17.41
信息科学部	11 688	2 703	80 170.00	23.13
管理科学部	7 376	1 119	33 420.00	15.17
医学科学部	44 253	5 440	162 370.00	12.29
合计 / 平均值	134 305	22 879	680 030.00	17.04

注：男性申请 64 424 项，资助 13 237 项；女性申请 69 881 项，资助 9 642 项。

表 2-1-9　2023 年度青年科学基金项目按地区统计申请与资助情况

序　号	省、自治区、直辖市、特别行政区	申请数（项）	资助数（项）	资助经费（万元）	资助率（%）
1	北　京	14 356	3 206	93 300.00	22.33
2	广　东	13 047	2 339	69 300.00	17.93
3	江　苏	13 084	2 319	69 190.00	17.72
4	上　海	10 630	2 014	59 730.00	18.95
5	浙　江	9 226	1 579	47 120.00	17.11
6	山　东	8 632	1 275	38 170.00	14.77
7	陕　西	6 296	1 201	35 960.00	19.08
8	湖　北	6 465	1 190	35 260.00	18.41
9	四　川	6 053	1 053	31 560.00	17.40
10	湖　南	4 440	787	23 530.00	17.73
11	安　徽	4 542	771	23 020.00	16.97
12	河　南	6 504	725	21 740.00	11.15
13	辽　宁	3 560	542	16 190.00	15.22
14	重　庆	3 318	538	16 090.00	16.21
15	天　津	3 145	530	15 840.00	16.85
16	福　建	2 646	421	12 530.00	15.91
17	黑龙江	1 971	414	12 360.00	21.00
18	吉　林	1 983	300	9 000.00	15.13
19	山　西	2 464	275	8 240.00	11.16
20	河　北	2 072	231	6 930.00	11.15
21	江　西	1 978	207	6 210.00	10.47
22	甘　肃	1 236	184	5 490.00	14.89
23	云　南	1 362	172	5 130.00	12.63
24	海　南	762	123	3 670.00	16.14
25	广　西	1 474	112	3 360.00	7.60
26	贵　州	1 076	102	3 040.00	9.48
27	香　港	200	94	2 820.00	47.00
28	新　疆	701	61	1 830.00	8.70
29	内蒙古	547	49	1 470.00	8.96
30	宁　夏	310	34	1 020.00	10.97
31	澳　门	40	17	510.00	42.50
32	青　海	171	14	420.00	8.19
33	西　藏	14	0	0	0
合计 / 平均值		134 305	22 879	680 030.00	17.04

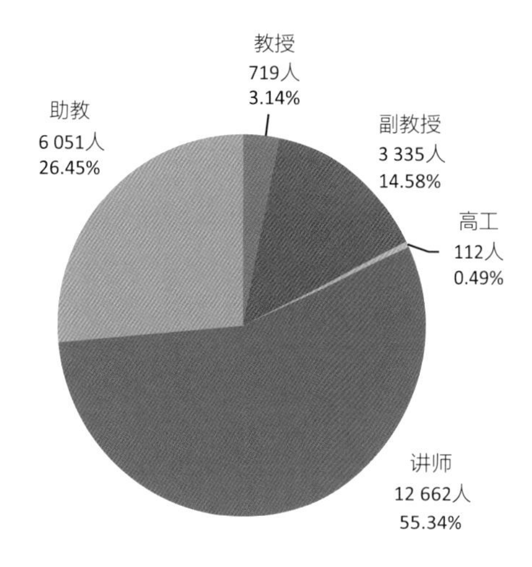

图 2-1-5　2023 年度青年科学基金项目负责人专业技术职务分布及所占比例

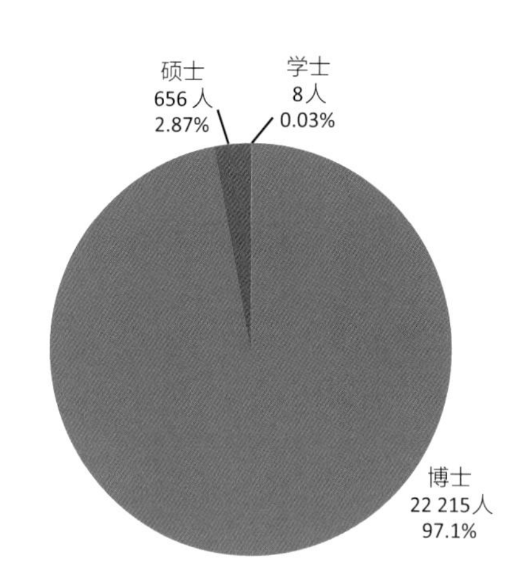

图 2-1-6　2023 年度青年科学基金项目负责人学位分布及所占比例

（七）地区科学基金项目

支持特定地区的部分依托单位的科学技术人员在科学基金资助范围内开展创新性的科学研究，培养和扶植该地区的科学技术人员，稳定和凝聚优秀人才，为区域创新体系建设与经济、社会发展服务。

2023 年度地区科学基金项目申请与资助统计数据见表 2-1-10；项目负责人年龄段统计情况如图 2-1-7 所示，项目组成人员情况如图 2-1-8 所示。

表 2-1-10　2023 年度地区科学基金项目按地区统计申请与资助情况

序　号	省、自治区	申请数（项）	资助数（项）	资助直接费用（万元）	资助率（%）
1	江　西	4 810	758	23 954.70	15.76
2	广　西	3 659	535	16 947.30	14.62
3	云　南	3 459	488	15 482.10	14.11
4	贵　州	3 601	454	14 435.20	12.61
5	新　疆	2 190	286	9 155.10	13.06
6	甘　肃	1 963	284	8 966.40	14.47
7	海　南	1 278	236	7 465.80	18.47
8	内蒙古	1 580	229	7 260.70	14.49
9	宁　夏	1 060	121	3 833.60	11.42
10	青　海	373	39	1 240.00	10.46
11	陕　西	391	38	1 212.70	9.72
12	吉　林	171	23	734.20	13.45

续 表

序 号	省、自治区	申请数（项）	资助数（项）	资助直接费用（万元）	资助率（%）
13	湖 南	100	18	567.00	18.00
14	湖 北	119	12	370.20	10.08
15	西 藏	69	11	360.00	15.94
16	四 川	68	6	186.00	8.82
合计 / 平均值		24 891	3 538	112 171.00	14.21

注：男性申请 15 644 项，资助 2 278 项；女性申请 9 247 项，资助 1 260 项。

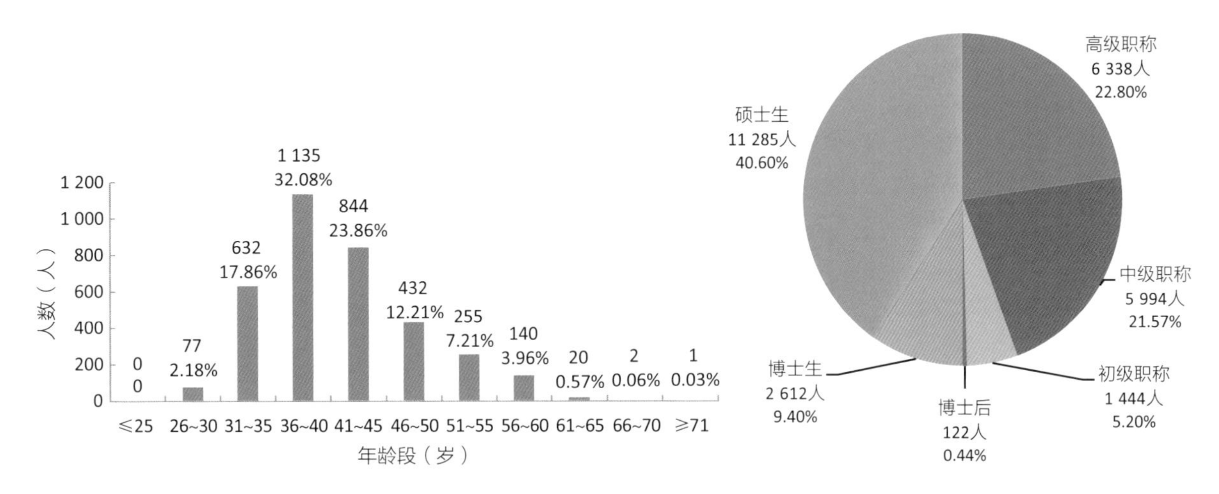

图 2-1-7　2023 年度地区科学基金项目负责人按年龄段统计

图 2-1-8　2023 年度地区科学基金项目组成人员分布及所占比例

（八）优秀青年科学基金项目

支持在基础研究方面已取得较好成绩的青年学者自主选择研究方向开展创新研究，促进青年科学技术人才快速成长，培养一批有望进入世界科技前沿的优秀学术骨干。

为支持香港特别行政区、澳门特别行政区科技创新发展，鼓励爱国爱港爱澳高素质科技人才参与中央财政科技计划，为建设科技强国贡献力量，2023 年继续面向港澳地区依托单位科学技术人员，开放优秀青年科学基金项目（港澳）申请。

2023 年度优秀青年科学基金项目接收申请 7 726 项，经专家评审，批准资助 655 项。实行经费包干制，资助经费为 200.00 万元 / 项，总资助经费为 131 000.00 万元。

2023 年度优秀青年科学基金项目申请与资助统计数据见表 2-1-11、表 2-1-12。

表 2-1-11　2023 年度优秀青年科学基金项目按科学部统计申请与资助情况

科学部	申请数（项）	资助数（项）	资助经费（万元）
数学物理科学部	872	71	14 200.00
化学科学部	912	86	17 200.00
生命科学部	1 038	86	17 200.00
地球科学部	807	59	11 800.00
工程与材料科学部	1 376	110	22 000.00
信息科学部	984	90	18 000.00
管理科学部	221	22	4 400.00
医学科学部	965	76	15 200.00
交叉科学部	364	30	6 000.00
合　计	7 539	630	126 000.00

注：男性申请 5 764 项，资助 487 项；女性申请 1 775 项，资助 143 项。

表 2-1-12　2023 年度优秀青年科学基金项目（港澳）按科学部统计申请与资助情况

科学部	申请数（项）	资助数（项）	资助经费（万元）
数学物理科学部	26	5	1 000.00
化学科学部	14	2	400.00
生命科学部	29	5	1 000.00
地球科学部	18	3	600.00
工程与材料科学部	33	5	1 000.00
信息科学部	30	4	800.00
管理科学部	20	1	200.00
医学科学部	17	0	0
合　计	187	25	5 000.00

注：男性申请 150 项，资助 21 项；女性申请 37 项，资助 4 项。

（九）国家杰出青年科学基金项目

支持在基础研究方面已取得突出成绩的青年学者自主选择研究方向开展创新研究，促进青年科学技术人才的成长，吸引海外人才，培养和造就一批进入世界科技前沿的优秀学术带头人。

2023 年度共有 5 141 名青年学者申请国家杰出青年科学基金项目，经专家评审，415 人获得资助。实行经费包干制，资助经费为 400.00 万元 / 项（数学和管理科学为 280.00 万元 / 项），总资助经费为 162 880.00 万元。

2023 年度国家杰出青年科学基金项目申请与资助统计数据见表 2-1-13。

表 2-1-13　2023 年度国家杰出青年科学基金项目按科学部统计申请与资助情况

科学部	申请数（项）	资助数（项）	资助经费（万元）
数学物理科学部	652	50	18 440.00
化学科学部	655	55	22 000.00
生命科学部	602	50	20 000.00
地球科学部	512	42	16 800.00
工程与材料科学部	893	75	30 000.00
信息科学部	696	52	20 800.00
管理科学部	145	13	3 640.00
医学科学部	600	50	20 000.00
交叉科学部	386	28	11 200.00
合　计	5 141	415	162 880.00

注：男性申请 4 490 项，资助 363 项；女性申请 651 项，资助 52 项。

（十）创新研究群体项目

支持优秀中青年科学家为学术带头人和研究骨干，共同围绕一个重要研究方向合作开展创新研究，培养和造就在国际科学前沿占有一席之地的研究群体。

2023 年度创新研究群体项目接收申请 376 项，经专家评审，批准资助 43 项，直接费用为 1 000.00 万元 / 项（数学和管理科学直接费用为 800.00 万元 / 项），总直接费用为 42 400.00 万元，间接费用为 200.00 万元 / 项。

2023 年度创新研究群体项目申请与资助统计数据见表 2-1-14。

表 2-1-14　2023 年度创新研究群体项目按科学部统计申请与资助情况

科学部	申请数（项）	资助数（项）	资助直接费用（万元）
数学物理科学部	33	5	4 800.00
化学科学部	40	5	5 000.00
生命科学部	39	5	5 000.00
地球科学部	52	5	5 000.00
工程与材料科学部	56	6	6 000.00
信息科学部	51	5	5 000.00
管理科学部	11	2	1 600.00
医学科学部	46	5	5 000.00
交叉科学部	48	5	5 000.00
合　计	376	43	42 400.00

（十一）联合基金项目

联合基金旨在发挥国家自然科学基金的导向作用，引导与整合社会资源投入基础研究，促进有关部门、企业、地区与高等学校和科学研究机构的合作，培养科学与技术人才，推动我国相关领域、行业、区域自主创新能力的提升。截至 2023 年 12 月 31 日，已有北京等 29 个省（区、市）加入区域创新发展联合基金，12 家大型企业加入企业创新发展联合基金，与水利部等 9 个行业部门设立联合基金。协议期内，联合资助方投入经费 162.02 亿元，自然科学基金委投入经费 51.68 亿元，形成了 213.70 亿元的联合基金规模。

2023 年共资助联合基金项目 1 160 项，直接费用为 31.58 亿元。其中，区域创新发展联合基金资助项目 710 项，直接费用为 19.73 亿元；企业创新发展联合基金资助项目 182 项，直接费用为 5.47 亿元；与行业部门设立的联合基金资助项目 268 项，直接费用为 6.38 亿元。

2023 年度联合基金项目申请与资助情况见表 2-1-15。

表 2-1-15　2023 年度联合基金项目申请与资助情况

序　号	联合基金名称	申请数（项）	资助数（项）	资助直接费用（万元）
1	区域创新发展联合基金	2 779	710	197 327.00
2	企业创新发展联合基金	785	182	54 702.00
3	NSAF 联合基金	180	39	5 380.00
4	“叶企孙”科学基金	428	92	23 829.00
5	民航联合研究基金	86	18	3 780.00
6	气象联合基金	114	28	7 356.00
7	铁路基础研究联合基金	72	16	4 099.00
8	通用技术基础研究联合基金	72	14	3 704.00
9	地质联合基金	87	29	7 408.00
10	长江水科学研究联合基金	178	32	8 198.00
合 计		4 781	1 160	315 783.00

（十二）国家重大科研仪器研制项目

面向科学前沿和国家需求，以科学目标为导向，资助对促进科学发展、探索自然规律和开拓研究领域具有重要作用的原创性科研仪器与核心部件的研制，以提升我国的原始创新能力。

2023 年度国家重大科研仪器研制项目（自由申请）接收申请 601 项，共资助 63 项，资助直接费用为 49 895.662 万元，直接费用平均资助强度为 791.99 万元 / 项；国家重大科研仪器研制项目（部门推荐）推荐 48 项，共资助 4 项，资助直接费用为 33 319.99 万元，直接费用平均资助强度为 8 330.00 万元 / 项。

2023 年度国家重大科研仪器研制项目（自由申请）申请与资助统计数据见表 2-1-16。

表 2-1-16　2023 年度国家重大科研仪器研制项目（自由申请）按科学部统计申请与资助情况

科学部	申请数（项）	资助数（项）	资助直接费用（万元）	平均资助强度（万元 / 项）
数学物理科学部	92	9	6 975.48	775.05
化学科学部	62	9	7 286.47	809.61
生命科学部	20	2	1 629.85	814.93
地球科学部	75	6	4 877.90	812.98
工程与材料科学部	107	13	10 296.15	792.01
信息科学部	170	14	11 102.45	793.03
医学科学部	75	10	7 727.36	772.74
合计 / 平均值	601	63	49 895.66	791.99

（十三）基础科学中心项目

旨在集中和整合国内优势科研资源，瞄准国际科学前沿，超前部署，充分发挥科学基金制的优势和特色，依靠高水平学术带头人，吸引和凝聚优秀科技人才，着力推动学科深度交叉融合，相对长期稳定地支持科研人员潜心研究和探索，致力科学前沿突破，产出一批国际领先水平的原创成果，抢占国际科学发展的制高点，形成若干具有重要国际影响的学术高地。

2023 年度基础科学中心项目接收申请 71 项，经专家评审，批准资助 16 项，总直接费用为 96 000.00 万元。

2023 年度基础科学中心项目申请与资助统计数据见表 2-1-17。

继续开展基础科学中心项目延续资助工作。2017 年批准的 4 项基础科学中心项目有 3 项获得延续资助，总直接费用为 17 988.00 万元。

表 2-1-17　2023 年度基础科学中心项目按科学部统计申请与资助情况

科学部	申请数（项）	资助数（项）	资助直接费用（万元）
数学物理科学部	11	2	12 000.00
化学科学部	7	2	12 000.00
生命科学部	5	2	12 000.00
地球科学部	9	2	12 000.00
工程与材料科学部	8	2	12 000.00
信息科学部	5	2	12 000.00
管理科学部	4	0	0
医学科学部	7	2	12 000.00
交叉科学部	15	2	12 000.00
合　计	71	16	96 000.00

（十四）专项项目

支持需要及时资助的创新研究，以及与国家自然科学基金发展相关的科技活动等。专项项目分为研究项目、科技活动项目、原创探索计划项目和青年学生基础研究项目。其中，研究项目用于资助及时落实国家经济社会与科学技术等领域战略部署的研究，重大突发事件中涉及的关键科学问题的研究，以及需要及时资助的创新性强、有发展潜力、涉及前沿科学问题的研究。

科技活动项目用于资助与国家自然科学基金发展相关的战略与管理研究、学术交流、科学传播、平台建设等活动。

原创探索计划项目资助科研人员提出原创学术思想、开展探索性与风险性强的原创性基础研究工作，如提出新理论、新方法和揭示新规律等，旨在培育或产出从无到有的引领性原创成果，解决科学难题，引领研究方向或开拓研究领域，为推动我国基础研究高质量发展提供源头供给。

青年学生基础研究项目于 2023 年首次设立，采用“推荐 + 评审”的方式，从部分高水平大学中择优遴选优秀本科生及博士研究生予以资助，前移资助端口，尽早选拔人才，培育科学素养，激励创新研究，为构建高水平基础研究人才队伍提供“源头活水”。

2023 年度专项项目资助统计数据见表 2-1-18 。

表 2-1-18　2023 年度专项项目按项目类别统计资助情况

序　号	项目类别		资助数（项）	资助直接费用（万元）
1	研究项目	科学部综合研究项目	430	67 026.50
		管理学部应急管理项目	32	673.00
		理论物理专款研究项目	87	4 930.00
2	科技活动项目	科学部综合科技活动项目	265	4 601.00
		理论物理专款科技活动项目	18	790.00
		共享航次计划科学考察项目	16	6 800.00
		局室委托任务及软课题	86	3 330.00
		扶贫工作专款	6	150.00
		共享航次计划战略研究项目	2	200.00
3	原创探索计划项目	指南引导类原创探索计划项目	78	13 287.00
		专家推荐类原创探索计划项目	68	14 979.00
		原创探索计划项目延续资助	10	1 946.00
4	青年学生基础研究项目（本科生）		129	1 290.00
合　计			1 227	120 002.50

注：青年学生基础研究项目实行经费包干制。

（十五）数学天元基金项目

为凝聚数学家集体智慧，探索符合数学特点和发展规律的资助方式，推动建设数学强国而设立的专项基金。数学天元基金项目支持科学技术人员结合数学学科特点和需求，开展科学研究，培育青年人才，促进学术交流，优化研究环境，传播数学文化，从而提升中国数学创新能力。

2023 年度数学天元基金项目接收申请 481 项，共资助 148 项，资助直接费用为 6 000.00 万元，直接费用平均资助强度为 40.54 万元 / 项。

（十六）外国学者研究基金项目

支持自愿来华开展研究工作的外国优秀科研人员，在国家自然科学基金资助范围内自主选题，在中国境内开展基础研究工作，促进外国学者与中国学者之间开展长期、稳定的学术合作和交流。外国学者研究基金项目包括外国青年学者研究基金项目、外国优秀青年学者研究基金项目和外国资深学者研究基金项目。

2023 年度外国学者研究基金项目申请与资助统计数据见表 2–1–19。

表 2–1–19　2023 年度外国学者研究基金项目按科学部统计申请与资助情况

科学部	外国青年学者研究基金项目			外国优秀青年学者研究基金项目			外国资深学者研究基金项目			外国资深学者导向性团队试点项目			合　计		
	申请数（项）	资助数（项）	资助直接费用（万元）	申请数（项）	资助数（项）	资助直接费用（万元）	申请数（项）	资助数（项）	资助直接费用（万元）	申请数（项）	资助数（项）	资助直接费用（万元）	申请数（项）	资助数（项）	资助直接费用（万元）
数学物理科学部	121	25	670.00	81	8	640.00	66	7	1 120.00	38	3	1 176.00	306	43	3 606.00
化学科学部	162	21	576.00	42	3	240.00	51	6	960.00	31	2	784.00	286	32	2 560.00
生命科学部	123	39	1 296.00	56	11	880.00	71	11	1 760.00	16	2	784.00	266	63	4 720.00
地球科学部	280	17	579.00	100	3	240.00	100	4	639.00	23	2	784.00	503	26	2 242.00
工程与材料科学部	92	26	820.00	32	8	600.00	37	8	1 280.00	20	2	784.00	181	44	3 484.00
信息科学部	211	9	299.00	83	6	480.00	73	8	1 280.00	26	2	784.00	393	25	2 843.00
管理科学部	63	5	136.00	33	4	299.00	70	2	320.00	5	1	392.00	171	12	1 147.00
医学科学部	141	4	140.00	40	4	320.00	21	9	1 440.00	50	3	1 176.00	252	20	3 076.00
交叉科学部	44	4	120.00	35	3	240.00	51	4	560.00	8	1	392.00	138	12	1 312.00
合计	1 237	150	4 636.00	502	50	3 939.00	540	59	9 359.00	217	18	7 056.00	2 496	277	24 990.00

（十七）国际（地区）合作交流项目

在组织间协议框架下，鼓励科学基金项目承担者在项目实施期间开展广泛的国际（地区）合作交流活动，加快在研科学基金项目在提高创新能力、人才培养、推动学科发展等方面的进程，提高在研科学基金项目的完成质量。项目承担者通过以人员互访为主的合作交流活动、在境内举办双（多）边会议以及出国（境）参加双（多）边会议，增加对国际学术前沿的了解，拓展国际视野，建立和深化国内外同行间的合作关系，为今后开展更广泛、更深入的国际合作奠定良好基础，同时加强科学基金研究成果的宣传，增强我国科学研究的国际影响力。

2023 年度国际（地区）合作交流项目申请与资助统计数据见表 2–1–20。

表 2–1–20　2023 年度国际（地区）合作交流项目按合作交流活动统计申请与资助情况

序　号	合作交流活动	申请数（项）	资助数（项）	资助直接费用（万元）
1	合作交流	1 042	199	4 943.90
2	出国（境）参加双（多）边会议	129	69	231.40
3	在境内举办双（多）边会议	69	26	439.00

二、重大研究计划选介

高精度量子操控与探测

“高精度量子操控与探测”重大研究计划于 2023 年获得批准，周期 8 年，资助直接经费 2 亿元。

高精度量子操控与探测源于对量子力学基础问题的探索，是量子信息技术发展的内在动力，为精密测量等领域提供了新思路、新技术、新方法。对诸多物理量更高精度测量的不断追求，在揭示新的物理规律、新的物理现象的同时，推动着新的精密测量器件、测量系统和测量概念的产生，为科学探索提供了新的测试手段和研究方法，不断推动着学科前沿的快速发展。同时，高精度量子操控与探测是多学科交叉融合发展的前沿领域，将全面积极地推动整个科学和技术领域的发展，并在经济、能源、国防、民用等方面发挥重要作用（图 2-2-1）。

该重大研究计划拟解决以下核心科学问题。

（1）量子增强的新原理和新方法。量子测量技术的自身精度提升是测量与计量相关学科最为核心的要求。围绕当前发展较为成熟或极有潜力的精密测量技术，进一步开发量子操控和测量新原理与新方法，提高测量精度和灵敏度，进而发现新物理现象、推动量子技术发展。

（2）进一步发展量子信息需要的高精度量子操控和探测技术。高精度量子操控和探测技术为量子信息科学领域提供了关键工具和技术支持，是相关领域发展的基础技术。量子系统的高精度操控面临操控精度、复杂度以及可扩展性等多方面的技术挑战。针对这些技术挑战进行技术攻关，有助于推动与促进量子模拟、冷分子和冷化学、量子计算、空间量子技术等研究的进一步发展。

（3）超越经典技术的量子操控和探测技术应用。当前，若干重要物理量的高精度测量机制已明确并完成实验验证，接下来极有必要完成一批重要量子精密测量设备及器件的研制，率先在超越标准模型的新物理、天文观测、遥感以及惯性传感等应用领域实现应用示范。

总体科学目标是通过发展高精度量子操控与探测技术，得到扩展物理学基本原理检验的途径，实现大尺度量子信息的处理，实现精密遥感及惯性传感等领域的重大应用。

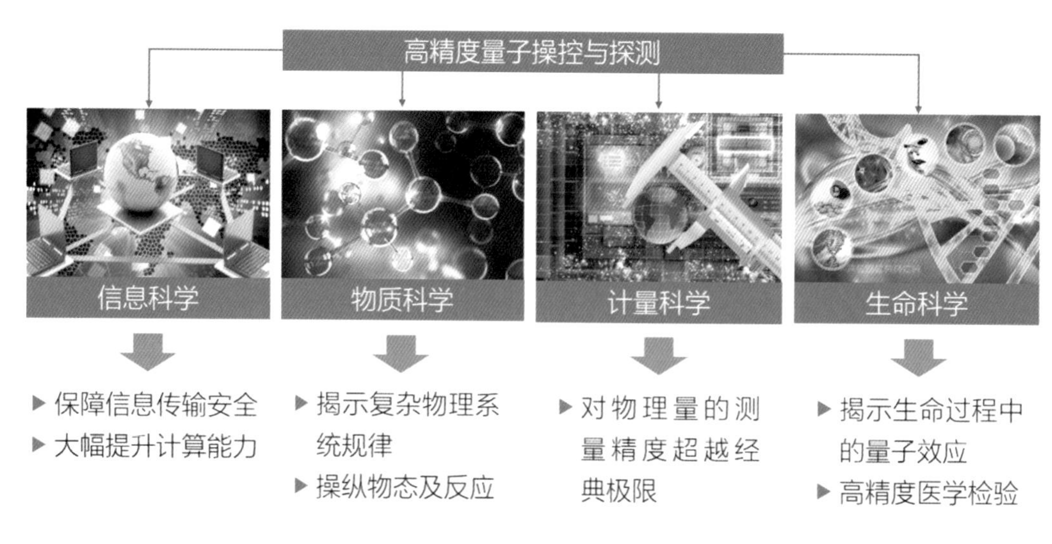

图 2-2-1 “高精度量子操控与探测”重大研究计划与多学科的交叉

面向未来技术的表界面科学基础

“面向未来技术的表界面科学基础”重大研究计划于 2023 年获得批准，周期 8 年，资助直接经费 2 亿元。

表界面科学是多学科交叉领域，其核心科学问题往往是界面超导、能源催化、智能传感以及航空航天等未来技术的共性基础。随着物质科学进入界面探索的新阶段，其非周期、非连续和非均匀特点使得研究难度呈指数级增加。该重大研究计划系统性地从各重大技术领域中抽取界面问题，结合表面科学方法，以“界面态”为核心，探究其精密本征探测、精准智能计算和精确原子构筑，形成一系列界面科学研究方法和工具（图 2-2-2）。

该重大研究计划拟解决以下核心科学问题。

（1）固体深层界面态的探测原理。发展新的物理原理和技术手段，解决界面态探测的难题，实现固体深层界面态的直接探测；开发界面微弱信号分析放大方法，准确区分与解析混杂在一起的界面态和体相态信号。

（2）复杂界面态的理论描述与计算。探究界面处物质间的距离、方向和时间复杂依赖作用，精确建模和计算非周期、非连续和非均匀的界面体系；建立界面复杂过程的耦合机制，实现时间、空间多尺度复杂过程的刻画与模拟。

（3）界面态精准构筑的原理与基础。理解构筑界面态的基本原理，建立从量子力学到连续介质力学的全面界面理论模型；开发界面态的原子级精准构筑技术，精确控制界面的结构和电子状态。

（4）特定功能的界面态调控本质。探明界面态对物性的影响机制，实现从界面结构到物性再到功能的准确预测；形成系统的表界面态调控方法学，实现界面态功能导向的精细调控。

总体科学目标是围绕关键未来技术中的共性界面难题，在界面态形成和控制、界面态精准构筑、高分辨界面态探测以及界面态功能调控等重点领域协同攻关，深入解析界面性质；通过多学科和多领域的交叉融合，汇聚一批顶尖人才和优秀科研团队，建立界面态探测技术和理论计算工具库，实现精准可控的界面结构与功能体系构筑，进而发展界面态工程学，提升我国在关键技术领域的原始创新能力，为未来技术发展开拓新的路径。

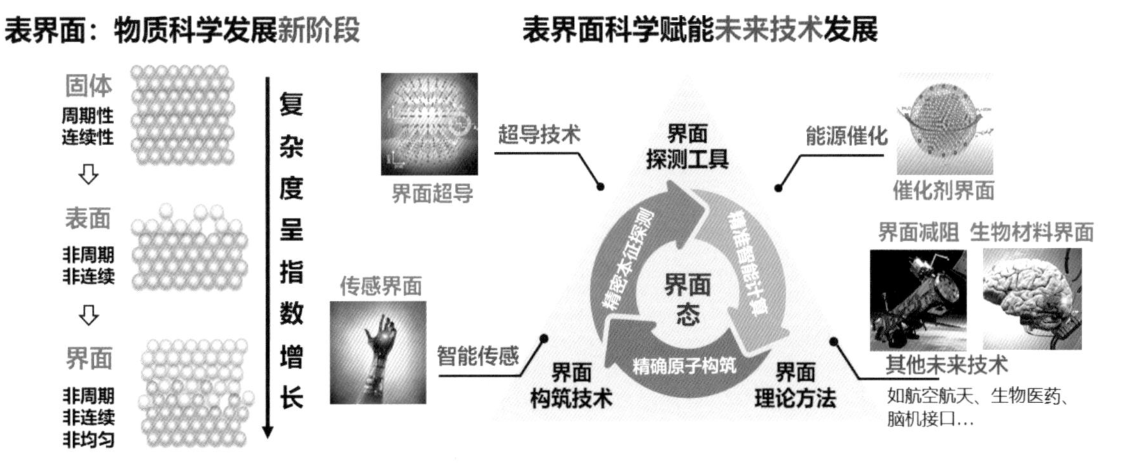

图 2-2-2 “面向未来技术的表界面科学基础”重大研究计划中的共性基础问题，发展表界面科学研究方法和工具

地球宜居性的深部驱动机制

“地球宜居性的深部驱动机制”重大研究计划于 2023 年获得批准，周期 8 年，资助直接经费 2 亿元。

地球是太阳系目前唯一确认有生命的行星，地球宜居性的发展历程、驱动因素和机制是预测地球未来的重要依据，也是寻找更多的能源、资源以及维系人类生存和社会可持续发展的重要基础。该重大研究计划面向我国构建人类命运共同体、保护好地球家园的重要发展理念，聚焦地球宜居性的深部驱动机制，提出地球宜居性形成、演变的关键在于其深部动力学过程及其与外部层圈的联动。该重大研究计划以地球内部挥发分（碳 – 氢 – 氧）作为解密地球宜居性的突破点，通过回答三个相互关联的核心科学问题（图 2-2-3）来解密地球宜居性的深部引擎运行机制，以期为实现我国“深地”和“深空”探测战略、践行人类命运共同体发展理念作出贡献，在抢占大国科技竞争前沿阵地的同时，带动我国科技外交发展。

该重大研究计划拟解决以下核心科学问题。

（1）深部碳 – 氢 – 氧的分布与地球内部性质。厘清地球深部各层圈中挥发分的赋存状态、分布与含量，约束各种地质作用对地球挥发分总量的相对贡献；研究挥发分对地球内部性质的影响程度和机制，阐明挥发分与地球深部大构造（如大低剪切波速省、超低波速带、电导率异常区）的成因联系。

（2）深部碳 – 氢 – 氧的循环与地球动力过程。揭示板块俯冲过程中碳 – 氢 – 氧的运移机制、循环机制及其对（大）地幔楔熔融的控制，阐明挥发分在超级地幔柱起源与大火成岩省形成中的作用；通过限定地幔柱与俯冲板片相互作用中挥发分的行为，建立流体助熔与高温热异常叠加作用促进地幔大规模熔融的新学说。

（3）深浅联系机制与地球宜居性。揭示超级火山系统的形成与岩浆储库和挥发分之间的关联，约束其环境气候效应和生物响应；模拟布里奇曼石、毛钙硅石和二氧化硅在深下地幔条件下与水发生反应，确定深部新化学反应形成的超氧化物稳定的温度压力条件和物理性质；探究深部新化学反应作为深部引擎在联系深部 – 浅部系统、驱动地球重大事件中的作用。

总体科学目标是以深部挥发分的催化作用和新化学反应为切入点，阐明挥发分对深部物理性质、动力学过程和层圈相互作用的影响，破解深部引擎之谜，建立深部过程驱动地球宜居性演变的理论体系。

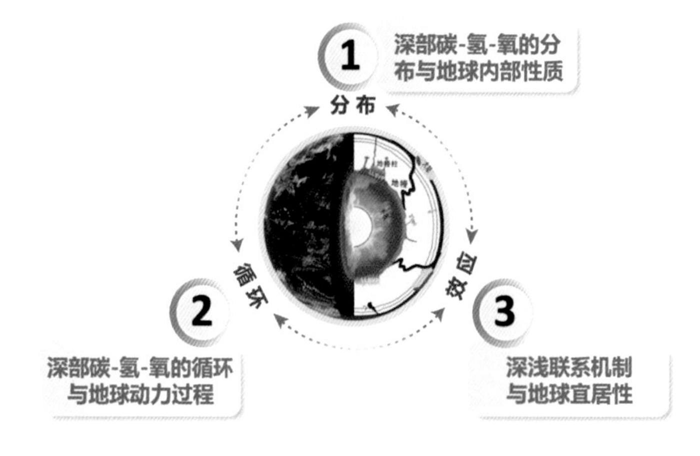

图 2-2-3 “地球宜居性的深部驱动机制”重大研究计划核心科学问题及其相互关联

破译生命的糖质密码

“破译生命的糖质密码”重大研究计划于2023年获得批准，周期8年，资助直接经费2亿元。

糖质（glycan）是生物体系中糖类分子的通称，是构成生命的三种生物大分子之一。糖质主要定位于细胞表面，介导细胞与细胞、细胞与病原体之间的相互作用在由多细胞构成的复杂生命体中传递生命信息，因而这是除核酸链和蛋白多肽链之外的“第三条生命链”，与每一种人类疾病息息相关。但由于糖质结构相对于核酸和蛋白高度复杂，因此糖质研究在生命科学领域中尚未得到充分开垦。该重大研究计划面向人民生命健康，围绕后基因组学时代生命科学前沿，提出以“糖质密码”（glyco-code）研究糖质的信息学新视角，布局从工具开发到临床应用的创新研究思路，期望通过糖质研究探索生命健康和重大疾病诊疗中的未解难题，为我国未来在糖质相关生物医药领域的发展奠定基础（图2-2-4）。

该重大研究计划拟解决以下核心科学问题。

（1）建立糖质的高效测序、合成、编辑方法。数据是解码的基础，发展糖质的精准测序、高效合成、精准编辑等研究工具，是促进多学科、多维度糖质功能学研究的关键。

（2）解析糖质影响生物学功能的分子机制。针对糖质信息维度高、容量大的特点，发展降维与模块解析手段，阐明糖质配体与受体互作、病原体与宿主互作、肿瘤细胞与免疫细胞互作等多尺度生物学场景中糖质序列的生物学意义和内在调控规律。

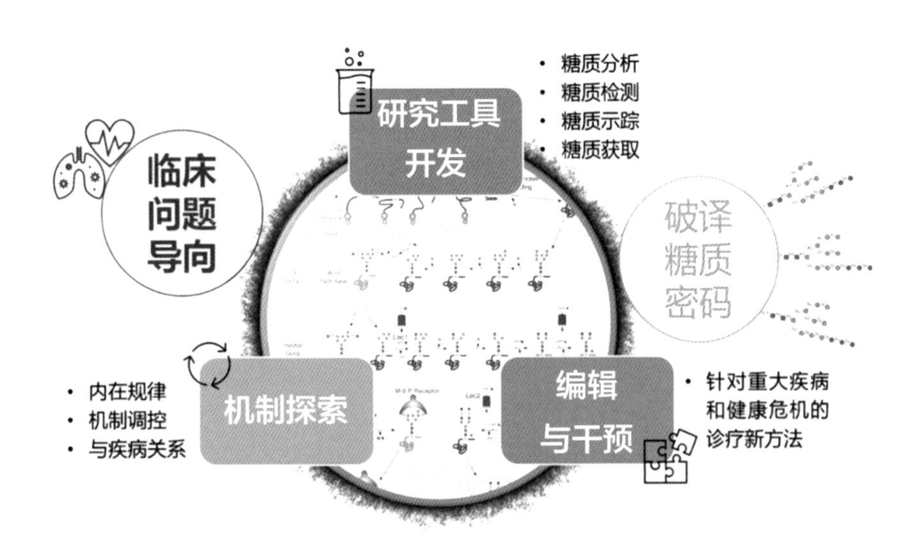

图2-2-4 “破译生命的糖质密码”重大研究计划研究方案示意

（3）发展重大生命健康问题中糖质精准调控策略。基于糖质在病毒感染、自身免疫、肿瘤发展等病理过程中的分子机制，发展糖质优化新型疫苗、原位糖质密码编辑技术等疾病诊疗手段。

总体科学目标是通过解析糖质密码，促进对重大人类疾病的理解，拓展中心法则中生命信息的传递规律；为糖科学研究提供新方法、新工具和研究新模式，在糖质生物学功能发现与外源干预策略开发上取得重要突破；为相关疾病的诊疗与防治提供理论基础和先导性技术储备；综合提升我国在世界糖科学、糖医疗研究领域的前沿性地位，培育一支基础扎实且学科深度交叉的研究队伍。

第三部分
2023 年度优秀
资助成果巡礼

NSFC

三维流形基本群的有限商群研究

在自然科学基金委（国家杰出青年科学基金项目 11925101）的资助下，北京大学刘毅教授在低维拓扑与双曲几何研究方面取得突破性进展，证明了有限体积双曲三维流形的基本群在至多相差有限种可能的意义上，几乎由其有限商群的全体决定。这是目前相关课题中最好的一般性结果。相关成果以“Finite-Volume Hyperbolic 3-Manifolds are Almost Determined by Their Finite Quotient Groups”为题，于 2023 年发表在 *Inventiones Mathematicae* 上。

通过构造有限复叠来研究三维流形是低维拓扑迅速发展的方向。近 10 年来，前沿研究视野从单个有限复叠的构造转向全体有限复叠形成的系统，瑟斯顿（Thurston）几何化纲领与双曲几何在其中起到了至关重要的作用。刘毅教授创造性地结合运用有限复叠构造的新兴方法和传统的尼尔森（Nielsen）不动点指标理论，在关键的一步建立了主要定理条件下 Thurston 范数的不变性（图 3-1-1）。

2022 年 7 月，刘毅教授受邀在 2022 年国际数学家大会（ICM 2022）上作 45 分钟报告。

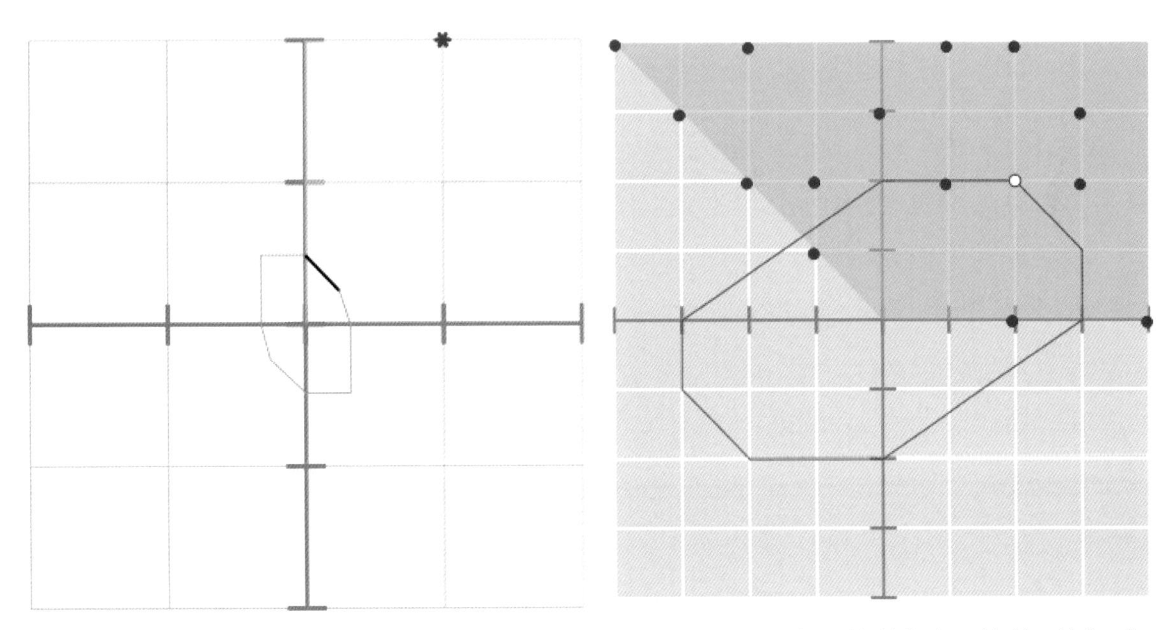

（a）一维上同调中的 Thurston 单位球和某个纤维化锥　（b）一维下同调中的对偶单位球、对偶锥和某些周期轨道同调类

图 3-1-1　有限体积双曲三维流形的 Thurston 范数示意

采用微点阵设计定制三维细微曲面研究

三维电子器件与生物系统的有机融合推动了智能传感、生物医学、人机交互等领域关键技术的开发与应用，但制备具有复杂拓扑构型的三维电子器件一直存在巨大的技术挑战。基于力学变形的组装方法是目前最有前景的三维无机电子器件制备方法之一，但是大变形引入的强非线性、二维与三维结构的复杂映射关系以及精细调控薄膜刚度分布的巨大技术困难使三维电子器件的定制化制备极具挑战，因此亟须发展新的力学设计方法与实验技术以实现具有特定曲率分布的三维电子器件。

在自然科学基金委（原创探索计划项目 12050004、国家杰出青年科学基金项目 12225206）等资助下，清华大学张一慧教授团队在定制细微尺度三维曲面的研究方面取得进展。

受生物多孔微结构启发[图 3-1-2（a）]，团队提出了一种仿生微点阵设计方法，其能够精细调控二维薄膜的刚度分布特征；通过进一步结合力学引导的三维屈曲组装方法，实现了三维复杂细微曲面的定制化设计与制备。团队通过建立曲梁大变形力学理论，解析获得了与三维对称曲面对应的薄膜孔隙率和胞元尺寸分布特征；并通过进一步建立机器学习辅助的计算模型，实现了三维结构的曲率分布与二维薄膜设计参数的隐式映射，进而实现了三维曲面的逆向设计[图 3-1-2（b）]。此外，团队展示了采用多种功能材料（如单晶硅、金属、壳聚糖和石墨烯等）的 30 余种复杂曲面的定制化设计与制备，其薄膜厚度和横向特征尺寸分布分别为 2.7~30.0 μm 和 250~300 μm。团队还研制出了集成光刺激 - 消融 - 传感功能的三维心脏器件、仿生双模驱动器件和仿视网膜电子细胞支架，展示了该方法在生物电子学、微型机器人等领域的广阔应用前景。

相关成果以 “Programming 3D Curved Mesosurfaces Using Microlattice Designs” 为题，于 2023 年 3 月 23 日发表在 *Science* 上，并以当期出版目录亮点图片的形式进行报道，*Nature* 发表了一篇题为 “微结构模仿生命的无尽形态” 的研究亮点文章评述该工作，指出微点阵设计策略 “使科学家可采用广泛多样的材料以重建生物形状”。

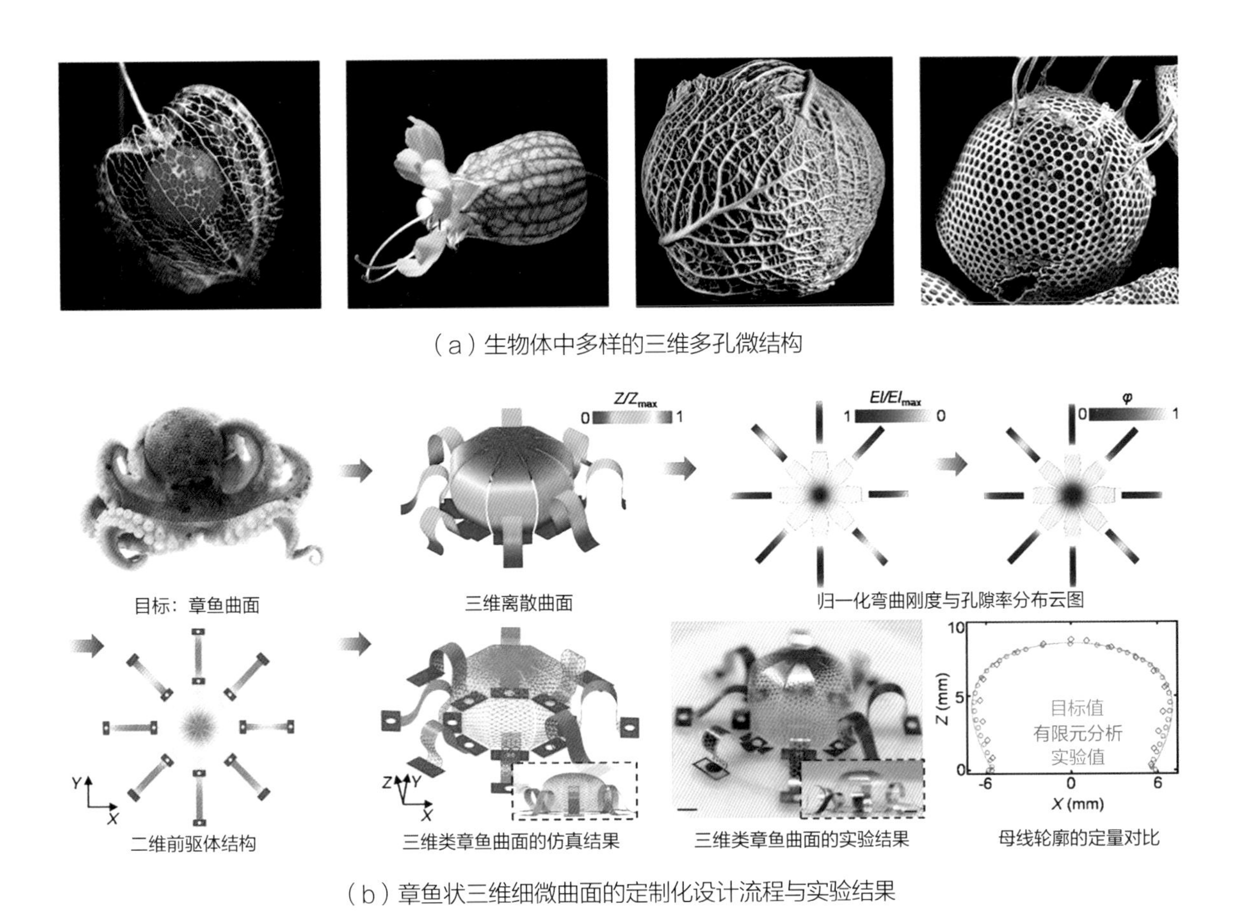

（a）生物体中多样的三维多孔微结构

（b）章鱼状三维细微曲面的定制化设计流程与实验结果

图 3-1-2 基于仿生微点阵设计定制三维细微曲面

第一代超大质量恒星的化学印记研究

第一代恒星主导了早期宇宙的化学增丰过程和演化历史。理论研究表明，第一代恒星的质量可以达到太阳质量的数百倍。其中，140~260 倍太阳质量的第一代恒星核心处产生的正负电子对会减弱恒星内部的辐射压力，导致恒星坍缩并形成一种特殊的超新星——对不稳定超新星（pair-instability supernova，PISN）。与核坍缩超新星相比，PISN 的产物具有极为特殊的化学组成，在其演化形成的气体云中诞生的第二代恒星展现出了罕见的化学丰度模式（图 3-1-3），但数十年来，始终未能在贫金属星中观测发现前身星大于 100 倍太阳质量的超新星所产生的化学丰度模式。

在自然科学基金委（基础科学中心项目 11988101、12288102，重大项目 11890694，优秀青年科学基金项目 12222305）等资助下，中国科学院国家天文台赵刚研究员团队利用大天区面积多目标光纤光谱望远镜（LAMOST）光谱数据，率先在银晕恒星中发现了由第一代超大质量恒星演化形成的 PISN 存在的化学证据，并证实该星源自一颗高达 260 倍太阳质量的第一代恒星，刷新了人们对第一代恒星质量分布的认知。

团队基于 LAMOST 光谱数据，率先对镁含量极低的贫金属星展开大样本研究，首次发现一颗丰度模式与 PISN 理论模型高度吻合的贫金属星，它具有目前已知最低的钠含量和最显著的“奇偶效应”（即原子序数为奇数的元素含量远低于相邻的原子序数为偶数的元素含量）（图 3-1-4）。这一发现首次从观测上证实第一代恒星的质量可以达到太阳质量的数百倍，其演化形成的 PISN 影响了宇宙早期的化学增丰过程，对研究第一代恒星的初始质量函数和星系化学演化意义重大。

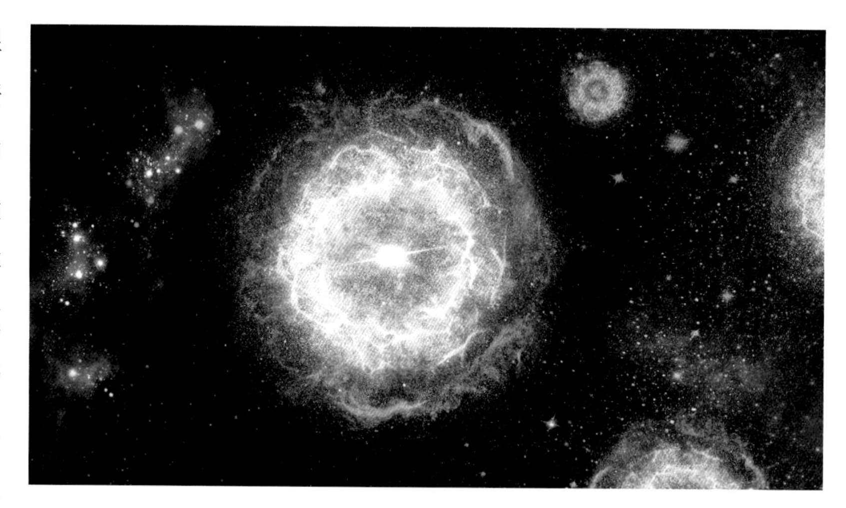

图 3-1-3　第二代恒星保留了第一代恒星演化形成的超新星爆发的产物

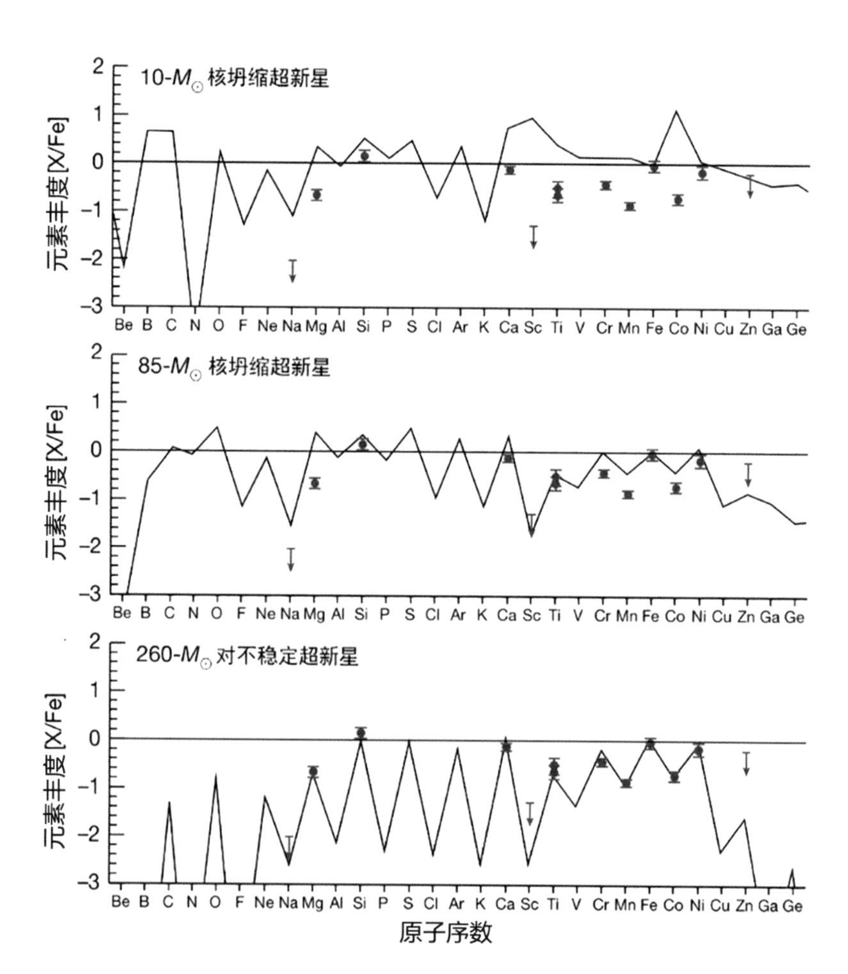

图 3-1-4　丰度模式与对不稳定超新星理论模型高度吻合的贫金属星，红色圆点代表观测得到的贫金属星的元素丰度，黑色实线表示超新星理论模型

研究成果以“A Metal-Poor Star with Abundances from a Pair-Instability Supernova”为题，于 2023 年 6 月 7 日发表在 *Nature* 上。贫金属星观测领域专家、美国圣母大学蒂莫西·比尔斯（Timothy Beers）教授认为“该成果是近 10 年来第一代恒星研究领域最重要的成果之一。我们在看到这篇论文之前从未发现能够证明第一代超大质量恒星曾经存在的观测证据。该恒星的特征为我们未来的巡天项目提供了重要的指引”。

析氢反应中电极界面微观结构演化的研究

随着太阳能和风能发电成本的逐渐降低，电解水制取氢气已成为一种高效的清洁可再生能源转化与储存的方法。众所周知，电催化过程的效率取决于电化学界面的物理化学特性。然而，在复杂的溶液环境中，如何在分子层面实现对界面分层结构的精确调控与探测，是电催化研究面临的一个迫切而复杂的难题。

在自然科学基金委（国家杰出青年科学基金项目 12125403、面上项目 11874123、创新研究群体项目 12221004、重大项目 12293053）等资助下，复旦大学田传山教授团队在电化学界面微观结构演化的研究与表征方面取得了进展。团队利用新开发的高精度“层析界面”非线性光谱分析技术，对电化学界面微观结构随电极电压的演化规律进行了原位研究，获得了电解水制氢过程中直接参与电荷转移的界面水分子的谱学指纹特征。主要创新成果如下。

（1）创造了一种新的方法来制备无衬底、悬浮的厘米级尺寸石墨烯电极。新方法不仅避免了样品表面受污染，还保留了样品在宏观和微观尺度上的完整性以及良好的机械性能，成功解决了探究石墨烯本征性质的实验难题。通过铂丝与石墨烯样品接触，实现了对悬浮在水溶液表面的石墨烯费米能级和电极电势的连续调控[图 3-1-5（a）、图 3-1-5（b）]。

（2）结合“层析界面”非线性光谱分析技术，首次观察到了石墨烯 - 水界面的 O—H 悬挂键特征峰，证明了石墨烯的疏水性。通过原位电学调控和光谱分析，发现在产氢和产氧电压阈值窗口内，紧邻电极（Stern 层）的氢键网络对电压几乎不敏感[图 3-1-5（c）]。在电压接近水的电解阈值时，Stern 层结构才开始发生实质性变化。当电压略高于析氢反应的阈值时，最表层的悬挂 O—H 模式完全消失[图 3-1-5（d）]，表明析氢反应的中间体和产物开始在电极界面上聚集，并显著影响界面氢键网络结构。

相关成果以“Structure Evolution at the Gate-Tunable Suspended Graphene-Water Interface”为题，于 2023 年 8 月 30 日发表在 *Nature* 上。该成果为电化学界面研究提供了一个非常理想的模型体系，为在分子层面追踪以及调控微观反应路径奠定了实验基础。

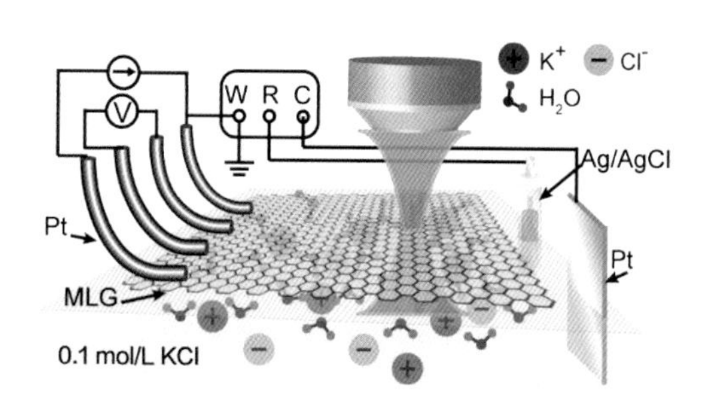

(a) 石墨烯 - 电解质界面示意

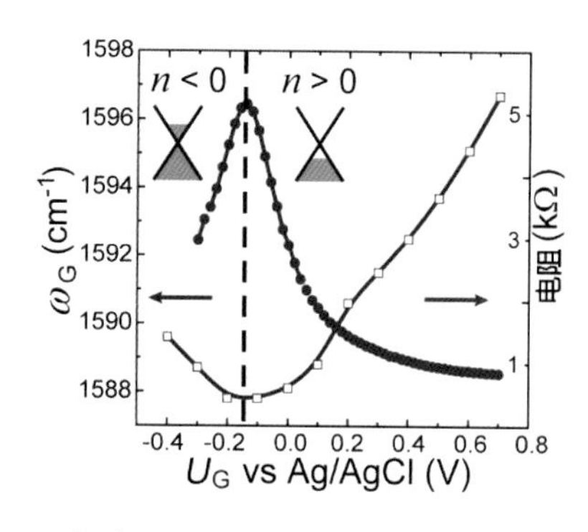

(b) 石墨烯费米能级随电极电压变化的关系

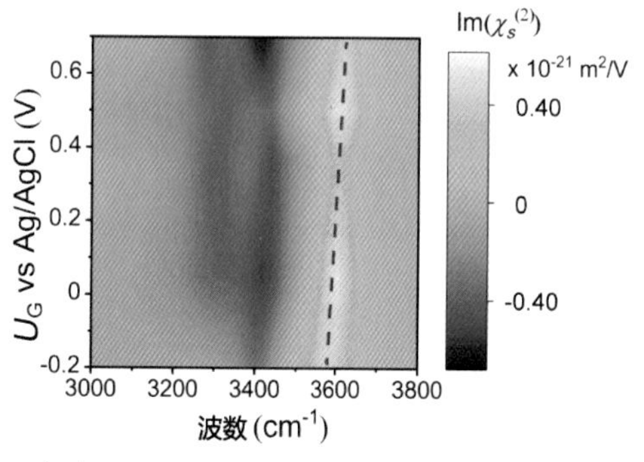

(c) 不同电极电位下紧邻电极表面的 Stern 层光谱 2D 等高线图

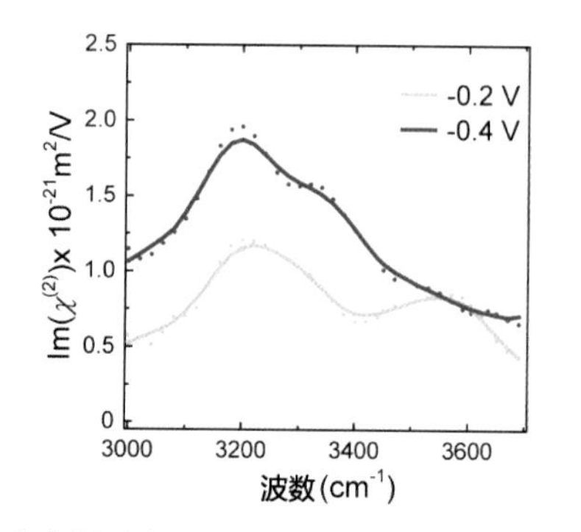

(d) 超过产氢阈值时，表面展现疏水特征的悬挂 O—H 模式（@~3600 cm^{-1}）消失

图 3-1-5　基于无衬底、悬浮石墨烯电极研究析氢反应中电极界面的微观结构演化

液氮温区高温超导材料探索研究

探索高温超导材料，尤其是临界温度高于液氮沸点的非常规超导材料，在高温超导机制研究和应用研究方面具有极其重要的意义。1986 年发现的铜氧化物高温超导体和 2008 年发现的铁基超导体为人们研究超导机制，理解磁性、电子关联、演生序与超导电性的关联性提供了重要平台。然而，经过近 40 年的研究，高温超导机制仍然无法破解，亟须建立一种新的高温超导材料体系。

在自然科学基金委（面上项目 12174454，青年科学基金项目 11904414、11904416）等资助下，中山大学王猛教授团队与清华大学张广铭教授等合作，利用高压光学浮区单晶生长技术和金刚石对顶砧高压实验技术，在镍氧化物中发现了超过液氮温区的高温超导电性。主要创新成果如下。

（1）团队利用光学浮区炉技术，通过仔细调控氧气压力条件，首次生长了大尺寸 $La_3Ni_2O_7$ 单晶样品，并进行了基本物理性质研究。$La_3Ni_2O_7$ 单晶样品具有钙钛矿结构单元、镍的价态为 2.5、氧空位较少、呈金属属性、有密度波相变的实验迹象，如图 3-1-6（a）所示。

（2）团队利用金刚石对顶砧技术，在压强超过 14 GPa 时发现具有 80 K 临界温度的超导相变，第一次在镍氧化物中实现了超过液氮沸点的超导电性，如图 3-1-6（b）~ 图 3-1-6（e）所示。团队通过高压同步辐射结合理论计算确定了压力下的晶格结构和电子结构。

以上研究成果以“Signatures of Superconductivity Near 80 K in a Nickelate under High Pressure”为题，于 2023 年 7 月 12 日发表在 *Nature* 上。镍氧化物高温超导体是继 1986 年发现的铜氧化物高温超导体后，第二类临界温度达到液氮温区的非常规超导体，是首个具有钙钛矿结构单元的镍氧化物超导体。德国马克斯 - 普朗克研究所的马提亚·黑普廷（Matthias Hepting）在 *Nature* 上发表了题为“Elite Superconductor Club Has a New Member”的评论文章。团队在该工作基础上，与中山大学姚道新教授合作建立了双层镍氧化物的多轨道模型，该模型成为分析镍氧化物电子能带结构和超导性质的重要基础性工作。

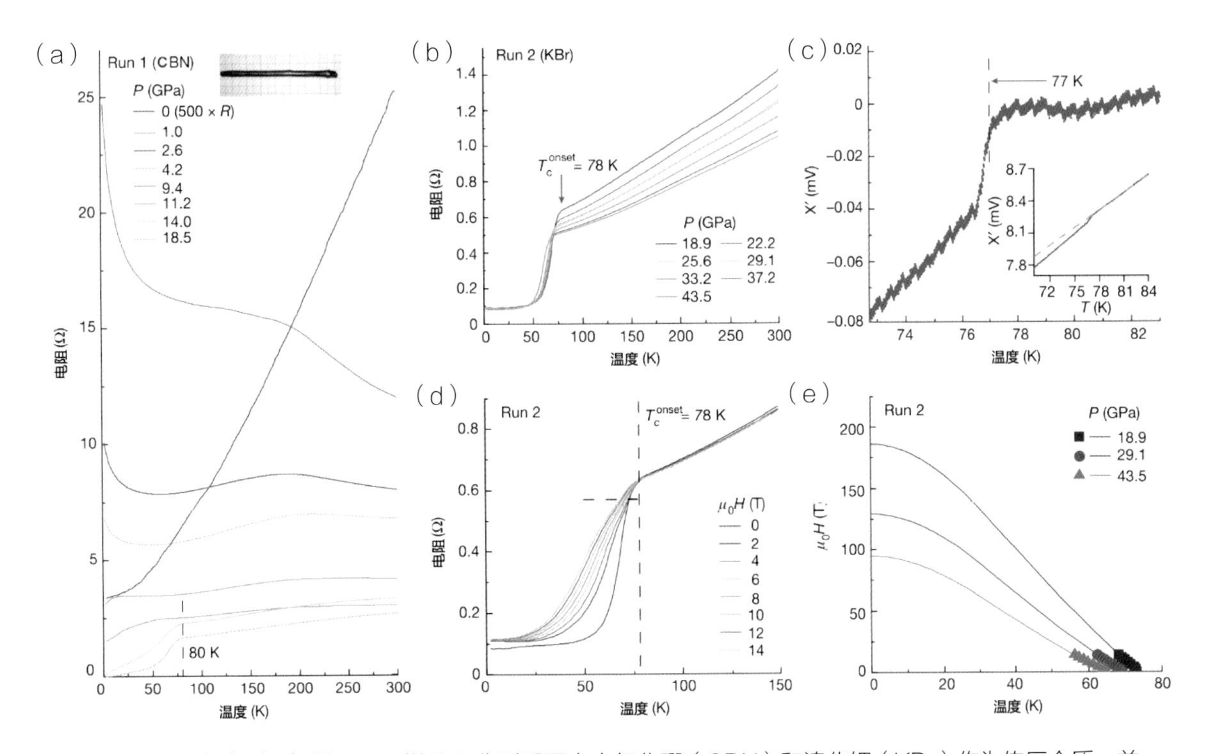

图 3-1-6 （a）、（b）样品 1 和样品 2 分别采用立方氮化硼（CBN）和溴化钾（KBr）作为传压介质，并且分别在 14.0 GPa 压强和 18.9 GPa 压强时显现出临界温度为 80 K 和 78 K 的电阻下降；（a）中插图为单晶照片；（c）$La_3Ni_2O_7$ 在 25.2 GPa 压力下的交流磁化率随温度变化曲线，图中为未扣除背景的原始数据；（d）、（e）$La_3Ni_2O_7$ 单晶超导临界温度附近电阻随外磁场变化的曲线（18.9 GPa），以及依据金兹堡 - 朗道方程拟合得到的不同压力的上临界磁场

从氙反冲数据测量暗物质亮度极限的研究

近一个世纪以来，大量基于引力相互作用的天文学和宇宙学观测证实，宇宙中存在大量的未知物质。但是这些未知物质不带电、不发光，从未通过电磁相互作用直接观测到，因此被称为暗物质，直到现在，暗物质的本质属性仍然未知。暗物质可能和已知的电中性粒子类似，具有一些残余的电磁属性，如微弱电荷、电荷半径、电磁极矩等，从而通过光子和普通物质发生相互作用，拥有微弱的“亮度”。

在自然科学基金委（重大项目 12090060）资助下，上海交通大学刘江来教授团队利用 PandaX-4T 四吨级液氙探测器的实验数据，针对暗物质可能存在的微弱电磁属性开展研究，在国际上首次获得暗物质电荷均方半径的实验上限。主要创新成果如下。

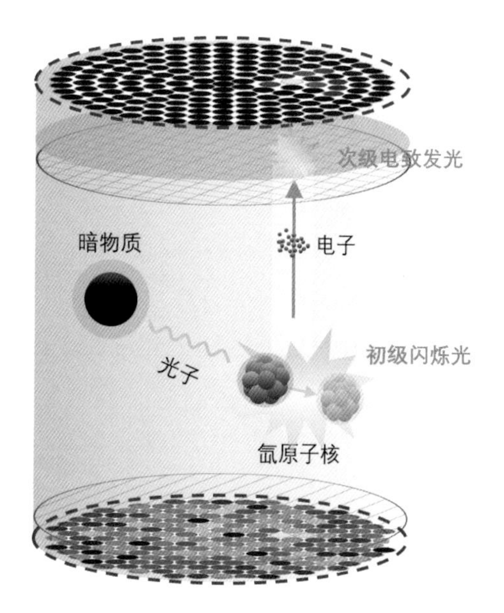

图 3-1-7　液氙探测器中暗物质与氙原子核通过光子发生相互作用

（1）与传统假设的极短程相互作用不同，暗物质由于存在电磁属性，故可以通过光子与氙原子核产生长程相互作用，呈现出独特的信号特征（图 3-1-7）。团队基于前期同美国科学院院士威克·哈克斯顿（Wick Haxton）教授合作实现的有效场方法，把电磁效应相互作用转换为不同有效算符核矩阵元的组合，得到了相应的暗物质电磁属性信号特征。

（2）基于 PandaX-4T 高灵敏数据，对暗物质电磁属性展开了针对性搜寻。获得了国际上首个暗物质电荷均方半径实验上限，最严格处达到了 1.9×10^{-10} fm^2，比中微子电荷均方半径的上限还要严格四个数量级。对暗物质微弱电荷、电偶极矩、磁偶极矩以及无辐射零极矩等电磁性质的限制增强了 3~10 倍（图 3-1-8）。从粒子物理角度，对暗物质到底有多暗这个基本问题给出了系统定量的回答。

相关成果以 “Limits on the Luminance of Dark Matter from Xenon Recoil Data” 为题，于 2023 年 5 月 17 日发表在 *Nature* 上。该成果作为 PandaX-4T 实验装置的首批成果之一，显著加深了人们对暗物质基本电磁性质的定量理解，也是国际上暗物质直接探测实验首次在 *Nature* 上发表文章。*Nature* 审稿人评价 “PandaX-4T 的结果是最灵敏的，它给出了暗物质电磁属性最强的限制，并首次对暗物质电荷均方半径给出实验限制”。美国威斯康星大学麦迪逊分校白杨（Yang Bai）教授发表评论文章“Dark Matter is Darker”，并评价说“该结果展示了 PandaX-4T 实验对暗物质粒子搜寻的强大实力，它仅用试运行的数据就得到了迄今对暗物质的电磁性质最严格的限制，毫无疑问，在不久的将来，当该实验完成全部运行时，我们可以期待它带给我们对于暗物质更深刻的理解”。

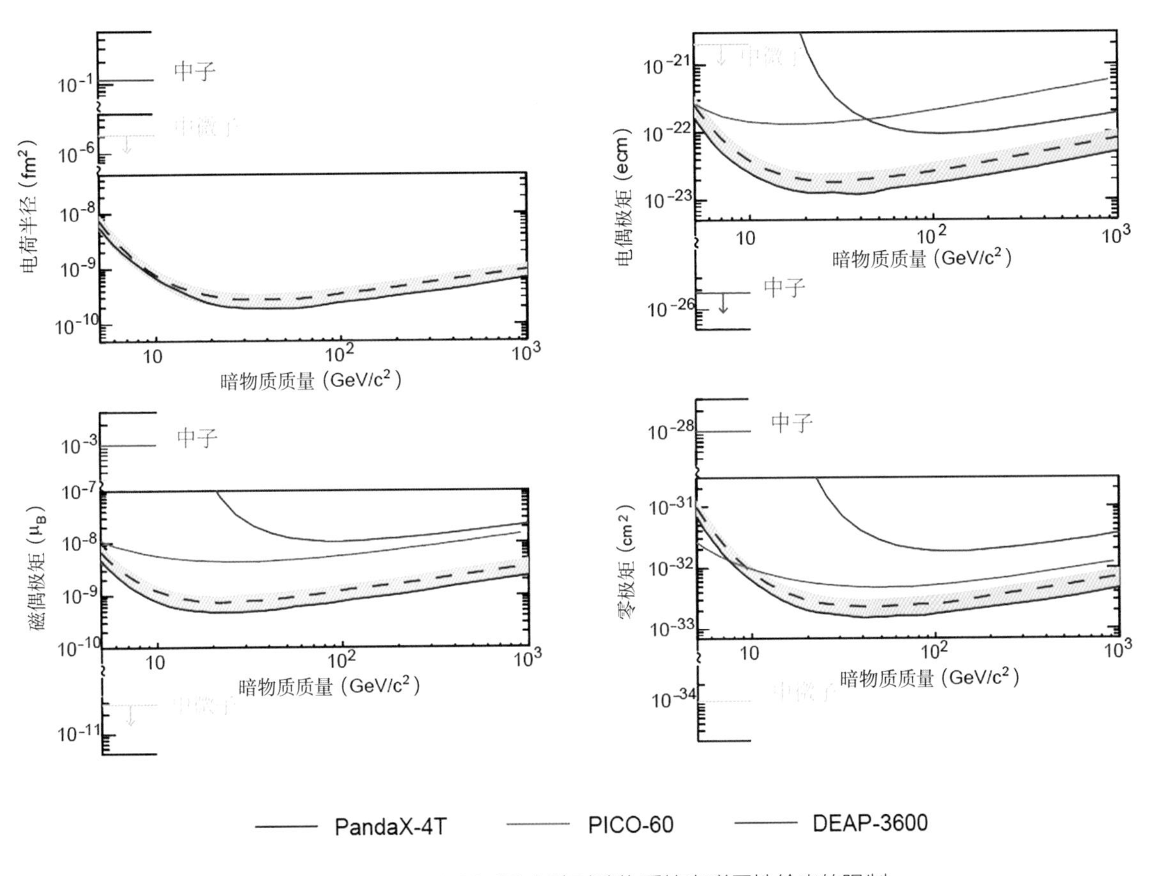

图 3-1-8　PandaX-4T 实验对暗物质的电磁属性给出的限制

分子筛合成中的“点击化学”：一维到三维拓扑缩合方法制备三维稳定超大孔分子筛

在自然科学基金委[基础科学中心项目 22288101、国际（地区）合作研究项目 21920102005]等资助下，吉林大学于吉红教授团队、陈飞剑教授团队与国内外合作者在新型三维稳定超大孔分子筛合成领域取得重要进展。相关成果以“A 3D Extra-Large Pore Zeolite Enabled by 1D-to-3D Topotactic Condensation of a Chain Silicate”为题，于 2023 年 1 月 20 日在线发表在 *Science* 上。

沸石分子筛是一类结晶性微孔材料，因具有可调控的活性中心、可分子择形和筛分、水热稳定性好等特性，作为催化材料和吸附材料被广泛应用于石油炼制、石油化工、煤化工、日用化工等领域。由于分子筛晶化机制不明晰，实现特定分子筛结构的定向合成极具挑战，其中三维稳定超大孔硅酸盐分子筛的合成一直是分子筛领域孜孜以求的目标，但数十年来鲜有突破。

团队首先合成了一种新颖的一维（1D）链状硅酸盐材料 ZEO-2，其经高温煅烧直接发生拓扑缩合并生成三维（3D）稳定的全连接超大孔分子筛 ZEO-3。ZEO-3 具有 16×14×14 元环（MR）穿插超大孔道结构（图 3-1-9），是世界上首例具有全连接三维超大孔道稳定结构的纯硅分子筛，也是迄今已知的密度最小的二氧化硅多晶型。ZEO-3 具有超高的稳定性，在 1 200 ℃煅烧下仍能保持稳定，比表面积超过 1 000 m^2/g，与其他沸石和金属有机框架相比，展现出了优异的挥发性有机物（volatile organic compound，VOC）吸附处理性能。进一步对 ZEO-3 进行骨架杂原子掺杂或将 ZEO-3 作为催化剂载体负载金属活性中心后，有望在大分子催化、石油化工等领域发挥重要作用。

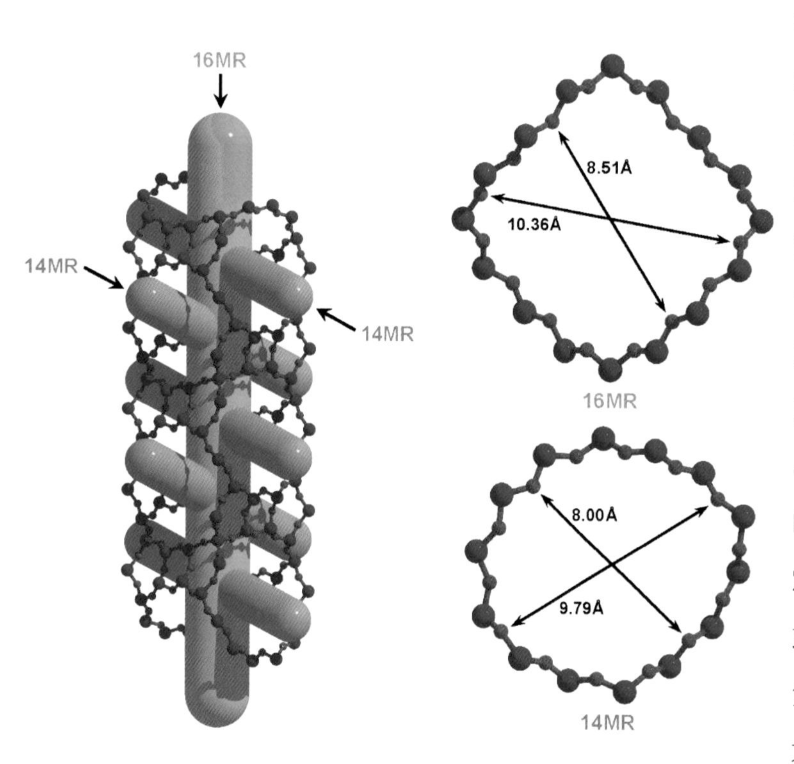

图 3-1-9 ZEO-3 的 16×14×14 元环穿插超大孔道结构

该研究成果中 1D 到 3D 拓扑缩合新机制的发现，对新型分子筛的设计与合成具有重要的指导意义。*Science* 同期刊发了英国圣安德鲁斯大学罗素 · E. 莫里斯（Russell E. Morris）教授针对该工作的观点评述文章，将这种 1D 到 3D 的拓扑缩合比作分子筛合成中的“点击化学”（图 3-1-10），指出这种机制的发现必将导致新的拓扑结构产生，对于理论预测的大量分子筛新结构的实验室合成突破具有极大的吸引力。该材料已被国际分子筛协会授予结构代码 JZT (Jilin University-ZEO-3)。

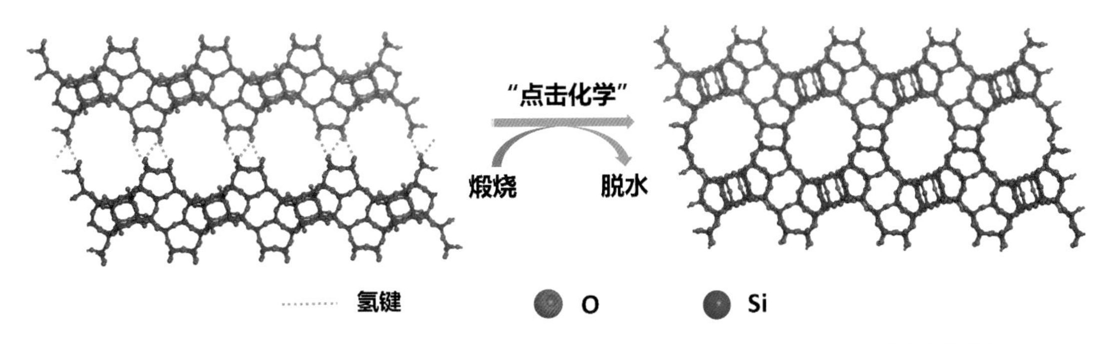

图 3-1-10　1D 硅酸盐链到 3D 超大孔分子筛的拓扑缩合：分子筛合成中的"点击化学"

基于液态金属的原子制造研究

在自然科学基金委（国家杰出青年科学基金项目 22025303）等资助下，武汉大学付磊教授团队与南方科技大学林君浩教授、武汉大学郭宇铮教授合作，以液态金属作为反应媒介，实现了多种高熵合金体系的原子级精准合成，即原子制造（图 3-1-11）。相关成果以"Liquid Metal for High-Entropy Alloy Nanoparticles Synthesis"为题，于 2023 年 6 月 14 日在线发表在 *Nature* 上。

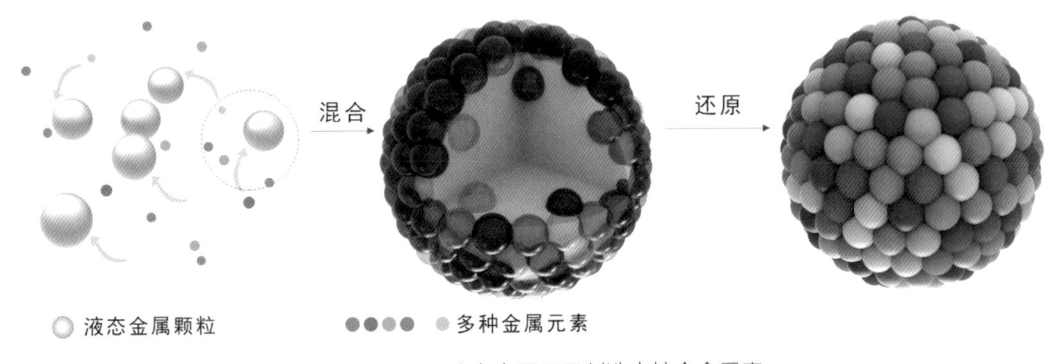

图 3-1-11　液态金属原子制造高熵合金示意

高熵合金通常由五种或五种以上主元金属组成，作为一种突破传统合金设计理念的新型合金，其具有独特且优异的性质，有望在航空航天、生物医学等应用领域发挥重要的作用。由于不同金属原子的本征物理化学性质差异，元素之间存在不混溶、高熵合金易出现相分离以及元素分离等现象。目前，研究者们通常借助超高温反应以及淬火来增大熵贡献，实现高熵合金的制造。这种极端的工艺条件使得高熵合金组分和结构的精细调控（原子制造）难以实现，也不利于高熵合金规模生产的需求。因此，在温和条件下实现高熵合金的原子制造至关重要。

针对这一难题，团队基于液态金属反应体系，通过调控混合焓的新思路构筑温和反应条件，实现了高熵合金的原子制造；使用液态金属镓（熔点为 29.8 ℃）构建了负混合焓环境。液态金属镓与大部分金属元素之间具有较低的混合焓，可以降低吉布斯自由能变，在热力学上有利于高熵合金合成；镓优异的流动性促进了快速传质，在动力学上可使各金属组元相互均匀混合。因此，可在温和环境下实现高熵合金的制备，且组分选择范围广。目前，已实现了包含不同晶体结构、熔点差异大、半径范围广的多种元素的高熵合金的制备。

团队通过原位环境球差电镜，结合原位同步辐射 X 射线衍射技术，发现液态金属辅助高熵合金原子制造过程中发生了“融合 – 裂分”行为以及晶化现象。基于机器学习势函数的动力学模拟也验证了该合金化机制。该成果拓展了基于液态金属的原子制造方法学，为多元合金等新型材料与功能材料的原子级精准合成提供了新的思路。

聚电解质限域流体仿神经功能研究

在自然科学基金委（重大项目 21790390、国家杰出青年科学基金项目 22125406）等的资助下，中国科学院化学研究所于萍研究员团队和北京师范大学毛兰群教授团队发展了一种聚电解质限域的流体忆阻器，利用单个器件首次实现了神经化学信号与电信号转导的模拟。相关成果以“Neuromorphic Functions with a Polyelectrolyte-Confined Fluidic Memristor”为题，发表在 *Science* 上。

仿神经突触是人工制造的具有生物神经突触功能的元件，是实现脑机信号转换、智能传感以及神经假肢的关键功能单元。大脑的功能与化学信号密切相关，然而目前的仿突触器件只能识别电信号，难以直接感知化学信号。因而，制备能够感知化学信号的人工突触（即实现类化学突触的功能）成为神经智能传感与模拟等领域的重要科学难题之一。

团队在长期从事脑神经电分析化学和限域离子传输研究的基础上，将两个领域交叉融合，提出基于限域流体器件发展仿神经突触功能的构思。团队在构建聚电解质限域流体体系的基础上发现，此体系具有忆阻器的特征，并利用溶液中对离子在聚电解质刷限域空间内的传输，实现了器件的记忆效应，成功模拟了多种神经电脉冲行为（图 3-1-12）。相比于传统固体器件，该流体器件具有可以与生物体系相比拟的工作电压和功耗。更为重要的是，基于流体体系的特征，此器件可以在生理溶液中实现神经递质对记忆功能的调控，模拟了突触可塑性的化学调控行为。团队进一步利用聚电解质对不同对离子的识别能力，模拟神经化学信号与电信号之间的转导，在化学突触的模拟研究中迈出了关键的一步。

该研究工作发表后，被 *Science* 同期的前瞻评述等认为“为类脑器件等的研制提供了可能”“是该领域的‘突破’和‘里程碑’”“引领了一个令人振奋的领域”；流体忆阻器被认为“具备固态器件难以实现、更加先进的神经形态功能，为神经形态功能研究引入特定化学调控途径提供了可能”。

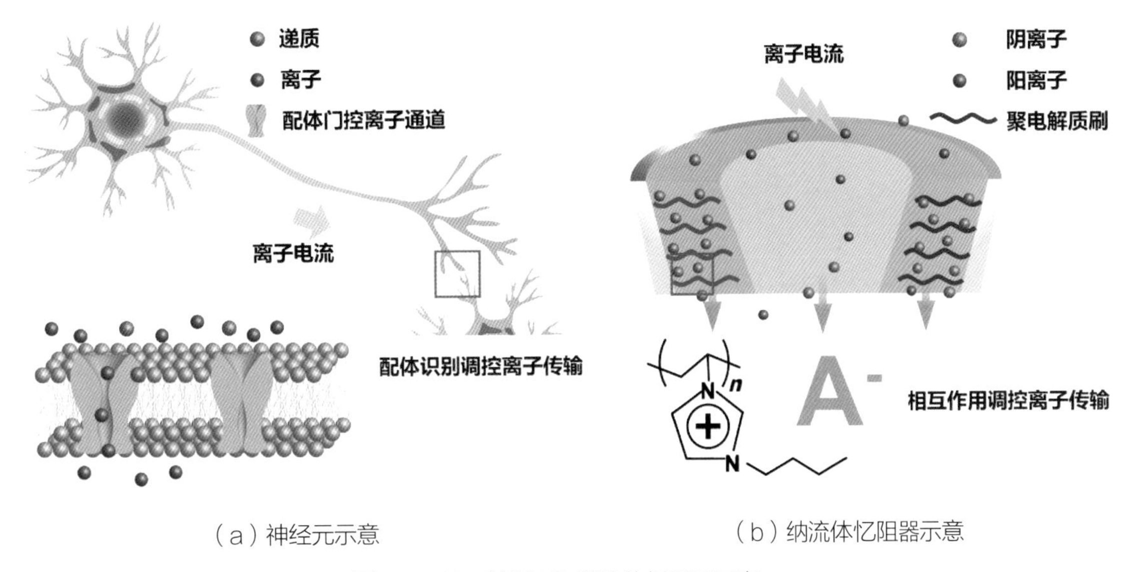

（a）神经元示意　　（b）纳流体忆阻器示意

图 3-1-12　神经元和纳流体忆阻器示意

乏燃料后处理中的镅分离化学研究

超铀元素镅是核废料长期放射毒性的主要来源，对其进行高效分离和中子嬗变是降低核废料长期放射毒性的有效手段之一，对核电可持续发展具有重要意义。核废料中，镅与共存的镧系元素具有极其相近的化学性质，它们在溶液中都以三价离子存在，且具有近乎等同的离子半径和配位化学性质。因此，如何分离三价镅与镧系元素既是目前核废物处置中最具挑战的科学问题之一，又是解决核废料长期放射毒性的一个重大瓶颈问题。如果将三价镅氧化到六价，则有望利用六价镅与三价镧系元素在配位构型上的差异实现分离，从根本上解决镧锕分离难题。然而，六价镅属于镅的非常规价态，在传统萃取分离过程中仅能存在数秒时间，极易被还原为三价，这再次造成了分离困难。此前，国际上未见能够稳定六价镅从而实现有效分离的可行方法[图 3-1-13（a）]。

在自然科学基金委（重大项目 21790370）等资助下，苏州大学王殳凹教授团队联合国内外研究团队，从六价镅的配位化学性质出发，设计合成了一例可精准匹配六价镅配位构型的无机缺位多酸簇合物。六价镅离子与该多酸簇合物通过强络合作用形成稳定的水溶性纳米级复合物，实现了水溶液中六价镅的超长时间稳定（24 h 后仅有 0.67% 的六价镅被还原为三价镅）。同时，三价镧系离子不与多酸簇合物发生作用，以水合离子的形式存在。团队利用镅－多酸纳米复合物与水合镧系离子之间的尺寸差异，结合商用超滤技术，发展出一种全新的镧锕超滤分离方法[图 3-1-13（b）]，获得了高达 780 的二元镧锕单步分离因子和 91% 的单步镅回收率。这也是至今国际上报道的六价镅和三价镧系元素之间的最好分离效果。

上述研究工作发展出的分离方法可潜在应用于我国乏燃料后处理中镅的分离与纯化，还适用于多种放射化学分离场景，如放射性污染控制、放射性同位素分离纯化等。相关成果以“Ultrafiltration Separation of Am(Ⅵ)-Polyoxometalate from Lanthanides”为题，发表在 *Nature* 上。*Nature* 同期刊发评论文章，以“金属氧化物开创核废料处理新策略”为题进行亮点评述，认为该工作能够解决民用核能乏燃料后处理长期存在的难题，有助于加强核工业的安全性，提高核废料的处理效率。

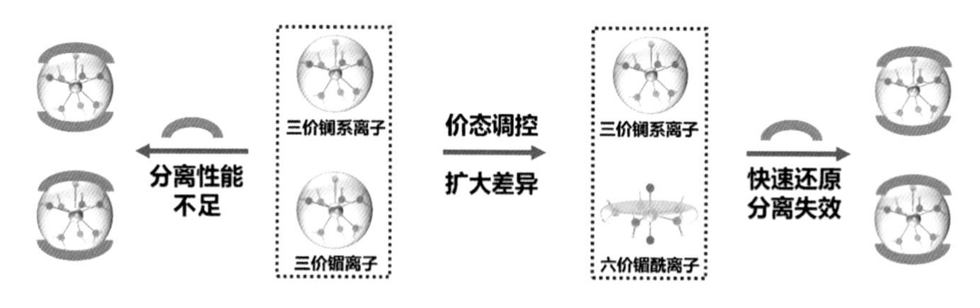

（a）镧锕分离的难点与现状

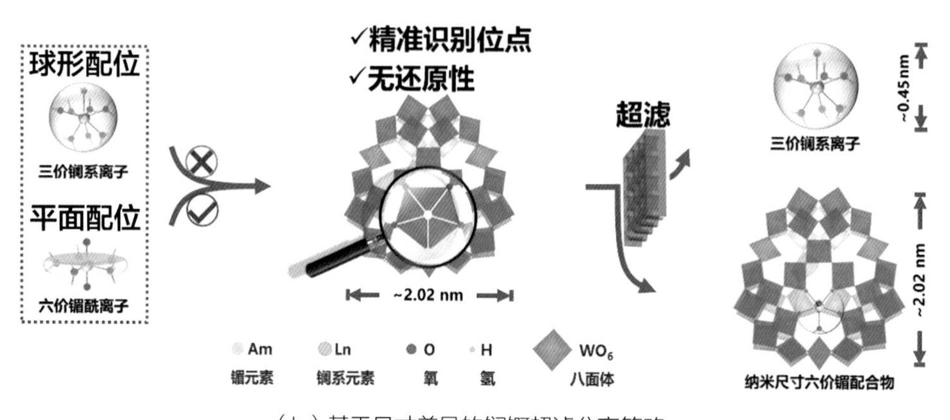

（b）基于尺寸差异的镧锕超滤分离策略

图 3-1-13　镅与镧系元素的分离示意

钙钛矿太阳能电池埋底界面缺陷研究

在自然科学基金委（面上项目 22179037）等资助下，华东理工大学吴永真教授、朱为宏教授与国内外合作者开展了系统的钙钛矿太阳能电池界面材料化学研究。团队通过揭示含锚定基团的小分子空穴传输材料在器件界面的工作原理和巧妙的分子设计，实现了钙钛矿电池埋底界面形貌与电子缺陷的大幅度降低以及光电性能的显著提升，提出了有机空穴传输材料设计的全新理念和埋底界面调控新方法。相关成果以“Minimizing Buried Interfacial Defects for Efficient Inverted Perovskite Solar Cells”为题，于 2023 年 4 月 28 日发表在 *Science* 上。

近年来，钙钛矿太阳能电池作为一种新型光伏器件，吸引了学术界与工业界的广泛关注。器件界面处的形貌及电子缺陷是限制其光伏性能的主要因素，特别是钙钛矿与基底之间的埋底界面，研究难度大、调控方法少。团队针对传统疏水性有机空穴传输材料导致的钙钛矿埋底界面缺陷问题，设计并开发了以氰基膦酸作为锚定基团的新型有机空穴传输材料锚定基因和疏水性芳基胺基空穴提取基团（MPA-CPA）[图 3-1-14（a）]。团队通过强吸电子性氰基提升了膦酸去质子能力，赋予材料独特的双亲性和超宽溶剂窗口；揭示了该类材料在透明导电氧化物基底上通过动态组装构筑“双层”膜结构提升表面浸润性，进而改善钙钛矿薄膜沉积质量的机制[图 3-1-14（b）]；提升了大面积钙钛矿薄膜的形貌均匀性和埋底界面的接触质量[图 3-1-14（c）]。与此同时，团队所设计的氰基膦酸锚定基团对铅离子具有独特的螯合作用[图 3-1-14（d）]；通过理论及实验证明了 MPA-CPA 能高效、稳定地钝化钙钛矿中的电子缺陷[图 3-1-14（e）]，抑制非辐射复合损失。

基于所开发的新型有机空穴传输材料制备的反式结构钙钛矿太阳能电池在第三方机构的认证效率达到 25.4%。此外，该新型有机空穴传输材料良好的浸润性十分有利于制备大面积的器件，1 cm^2 的器件和 10 cm^2 的模组分别实现了 23.4% 和 22.0% 的制备效率。该工作为发展新型高效有机空穴传输材料和降低光电器件埋底界面缺陷提供了新的思路。

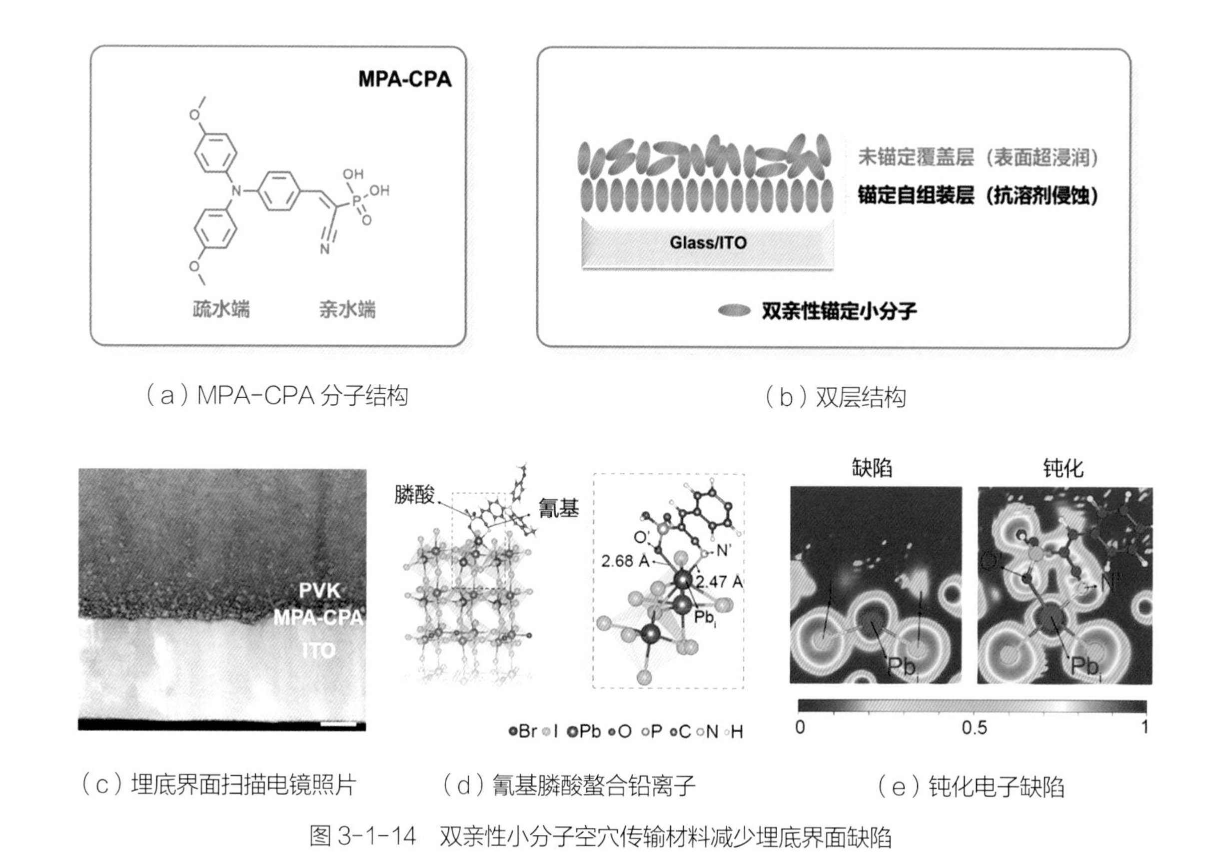

（a）MPA-CPA 分子结构　（b）双层结构

（c）埋底界面扫描电镜照片　（d）氰基膦酸螯合铅离子　（e）钝化电子缺陷

图 3-1-14　双亲性小分子空穴传输材料减少埋底界面缺陷

自由基“采样”介导的官能团：惰性碳氢键直接转位反应

有机化合物表面遍布大量的惰性碳氢键，它们具有高键能、低活性、难区分等特点。惰性碳氢键的选择性转化被誉为合成化学中的“圣杯式”挑战，其原料广泛易得、无需预官能团化、具有高度的原子经济性和步骤经济性，因而是一种理想的合成方式，在分子的制备和修饰中有广泛的应用潜力，也是合成化学的研究前沿。其中，自由基介导的碳氢官能团化是重要的惰性碳氢键转化模式，其反应性高，但选择性的调控不易、手段匮乏，通常需要利用特殊底物或辅基来实现选择性碳氢键切断。如何突破经典的自由基介导碳氢键转化在选择性调控上的定式和局限，发展新颖、高效的选择性调控策略，是该领域面临的一个挑战性难题。

在自然科学基金委（青年科学基金项目 22201015）等资助下，北京大学许言研究员团队基于对光催化和自由基化学中新方法、新机制的探索，提出了“随机切断和重构碳氢键，但只挑选特定中间体进行官能团化”的碳氢键“采样”机制，并将其用于发展高选择性自由基介导的惰性碳氢键转化。团队通过将非选择性可逆氢原子的攫取与选择性分子内中间体的捕获进行联动，实现了碳氢键切断步骤和选择性决定步骤的解耦，成功发展了脂肪腈中氰基和δ碳氢键间的直接转位反应。该反应条件温和，模式新颖，除了将氰基和δ碳氢键进行精准的“位置互换”外，不对分子做任何其他改变[图 3-1-15（b）]。该反应在线性和环状底物中均获得了优秀的反应效果，展现出了良好的底物适用性，并成功应用于若干生物活性分子的快捷合成（路线长度缩短一半以上）和衍生物制备。团队通过深入研究，阐明了随机中间体生成和高选择性中间体捕获相结合的选择性调控机制[图 3-1-15（c）]。相关成果以“Functional-Group Translocation of Cyano Groups by Reversible C－H Sampling”为题，于 2023 年 6 月 26 日发表在 *Nature* 上。

这一新机制范式有望在碳氢键转化中获得广泛应用，为开发具有实用价值的碳氢键转位反应带来新的助力。

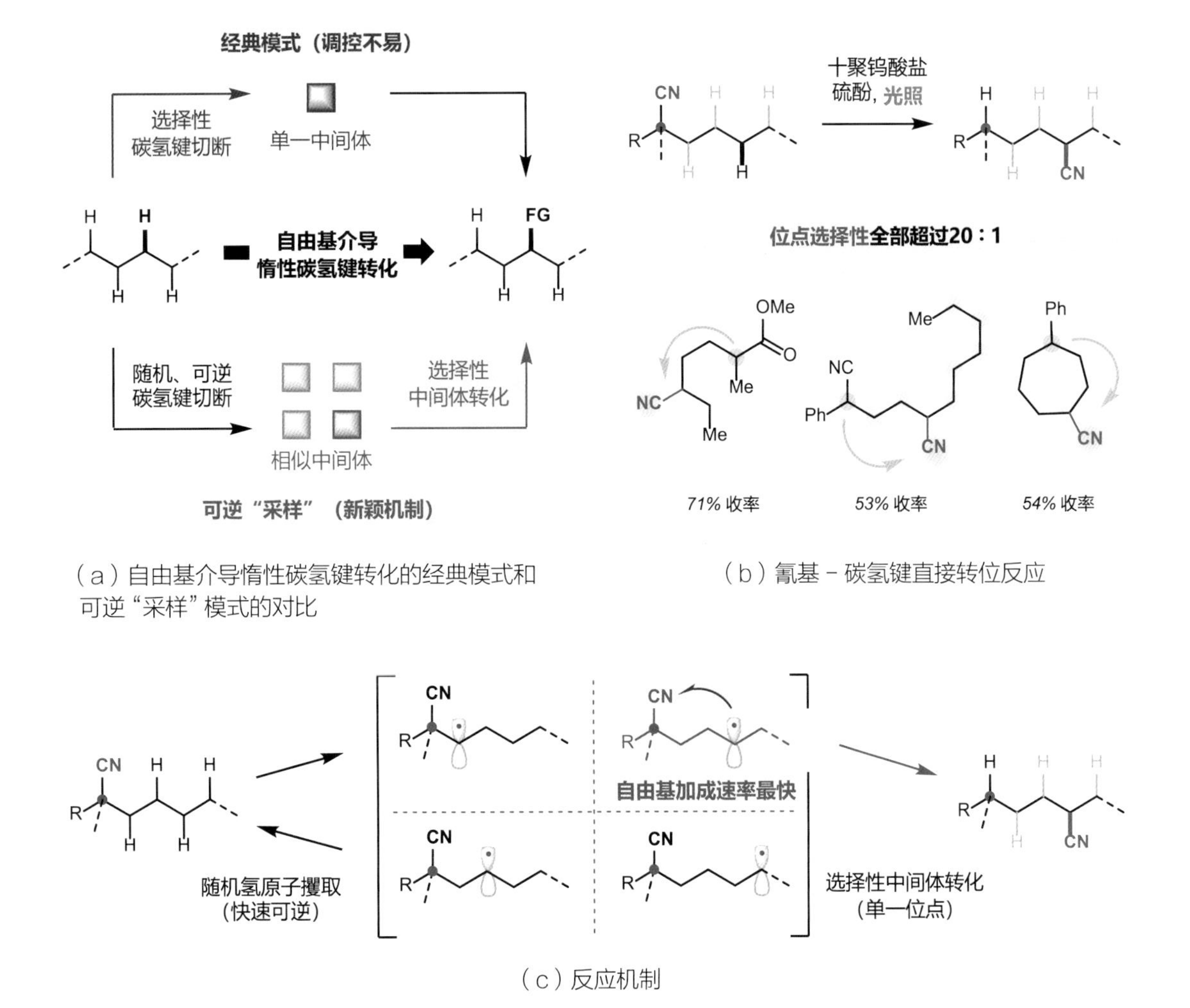

（a）自由基介导惰性碳氢键转化的经典模式和可逆“采样”模式的对比

（b）氰基－碳氢键直接转位反应

（c）反应机制

图 3-1-15　自由基“采样”介导的氰基－碳氢键直接转位反应

葡萄进化史中的双驯化和性状起源

在人类进化的历史长河中，农业保证了古人稳定的食物来源，使人类从游猎采集的生活方式转变为定居种植的生活方式。这一历史事件离不开古人对动植物的驯化。葡萄在人类数千年的文明发展史上地位重要，无论是作为食物还是美酒，都融入并影响了欧亚大陆各个文明的文学、历史、艺术和宗教发展。然而，葡萄栽培的起源，即野生葡萄被人类驯化的时间、地点和方式却是科学界长期未解之谜。

图 3-1-16　*Science* 当期封面

在自然科学基金委（面上项目 32070599）等资助下，云南农业大学陈玮教授团队、盛军教授团队与中国科学院植物研究所李绍华研究员团队联合多家国内外科研机构，通过解析全球葡萄的遗传信息，明确了葡萄的驯化历史和性状起源。相关成果以“Dual Domestications and Origin of Traits in Grapevine Evolution”为题，于 2023 年 3 月 3 日以封面文章发表在 *Science* 上（图 3-1-16）。

团队与合作者通过群体基因组学等方法，分析了全球 3 525 种栽培葡萄和野生葡萄品种的遗传变异发现，在更新世，由于生存环境遭到持续破坏，恶劣的气候促使野生葡萄的生态型发生了分离；大约在 11 000 年前，人类在西亚和高加索地区驯化野生葡萄并产生了鲜食和酿酒葡萄。团队通过进一步研究发现，随着早期农民分散到欧洲，西亚的葡萄驯化品种与古老的西方野生葡萄生态型相融合，在新石器时代晚期，沿着人类迁徙的轨迹演化为麝香葡萄和独特的西方酿酒葡萄祖先。团队通过分析驯化性状，提出了对浆果适口性、雌雄同体性、麝香味和浆果颜色选择的新见解。这些数据证实了葡萄是人类历史上首种被驯化的水果，并且其驯化对欧亚大陆早期的农业发展起到了重要作用（图 3-1-17）。

Science 同期刊发了该研究的观点评论。该研究获邀在美国科学促进会 2023 年度会议上作成果介绍，同时受到 *Current Biology*、*Scientific American* 的追踪与评述。该成果对研究人类文明起源以及其他水果的驯化历史有着重要借鉴意义。

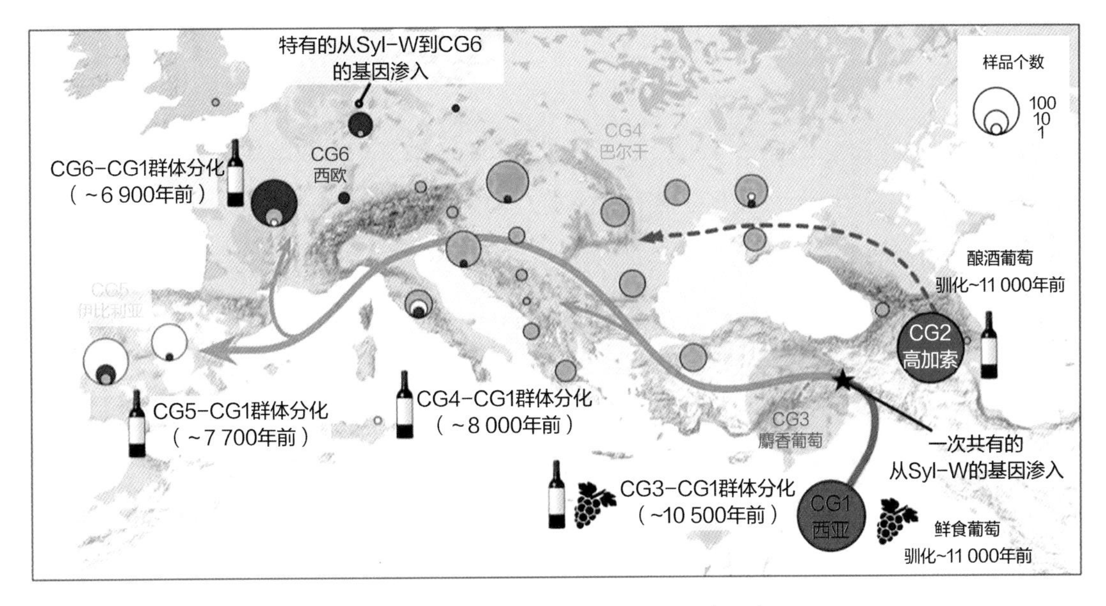

图 3-1-17　葡萄进化和人工驯化历史示意

基于激素平衡创制新型高产半矮秆小麦

在自然科学基金委（重大项目 31991210，联合基金项目 U22A6009，面上项目 32172069、32072055）等资助下，中国农业大学孙其信教授团队经过多年探索，鉴定得到一个显著提升小麦氮素利用效率和群体产量的关键位点，为高产高效小麦新品种培育提供了重要基因资源和新的育种策略。相关成果于 2023 年 4 月 26 日在线发表在 *Nature* 上。

小麦（*Triticum aestivum* L.）是世界上种植面积最大的粮食作物，为人类提供了 21% 的食物热量和 20% 的蛋白质。20 世纪中叶，以半矮秆抗倒伏为主要特征的小麦绿色革命品种为解决世界粮食问题作出了重要贡献，主要是通过利用矮秆基因 *Rht1-B1b* 或 *Rht1-D1b* 调节赤霉素（GA）介导的信号传导途径发挥作用。但携带 *Rht1-B1b* 或 *Rht1-D1b* 等位变异的半矮秆小麦存在粒重和氮素利用效率显著降低等不良效应。因此，挖掘和利用新的矮秆基因资源，培育不依赖 *Rht1-B1b* 或 *Rht1-D1b* 等位变异的半矮秆小麦品种，是进一步提升小麦产量和保障农业绿色可持续发展的重大需求。基于正向遗传学研究策略，团队历时 10 年在小麦 4B 染色体短臂上鉴定到一个约 500 kb 的大片段缺失单倍型变异，导致三个紧密连锁基因（即 *Rht-B1/EamA-B/ZnF-B*，命名为 *r-e-z*）缺失。与传统绿色革命小麦的株型相比，*r-e-z* 缺失类型的小麦也表现为半矮秆，且茎秆强度、耐密性、收获指数、千粒重和产量等有显著提升，在群体水平下增产超过 10%（图 3-1-18）。团队深入研究后发现，*r-e-z* 缺失单倍型的表型效应与 *Rht-B1* 和 *ZnF-B* 基因的共同缺失有关，其中 *ZnF-B* 编码是一个含有 RING 结构域的 E3 泛素连接酶，通过 26S 蛋白酶体途径特异性介导油菜素内酯（BR）信号负调控因子 TaBKI1 在质膜上的降解。同时，团队还揭示了通过敲除 *ZnF-B* 基因抑制 BR 信号和敲除 *Rht-B1* 基因激活 GA 信号来协同调控小麦株高和籽粒发育的分子机制。

该研究鉴定到了 BR 信号传导途径的一个新关键元件 *ZnF-B*，提出了通过双重调控 GA 和 BR 信号转导机制来设计新型半矮秆高产小麦品种的育种策略，为低碳绿色农业发展奠定了新的理论基础。成果发表后，受到国内外同行的广泛关注，《植物学报》、*Nature Plants*、*Trends in Biochemical Sciences*、*Seed Biology*、*Journal of Genetics and Genomics*、*Science China Life Sciences* 等国内外知名期刊均刊登了评论文章，认为这项研究是小麦功能基因组研究的重大进展之一。

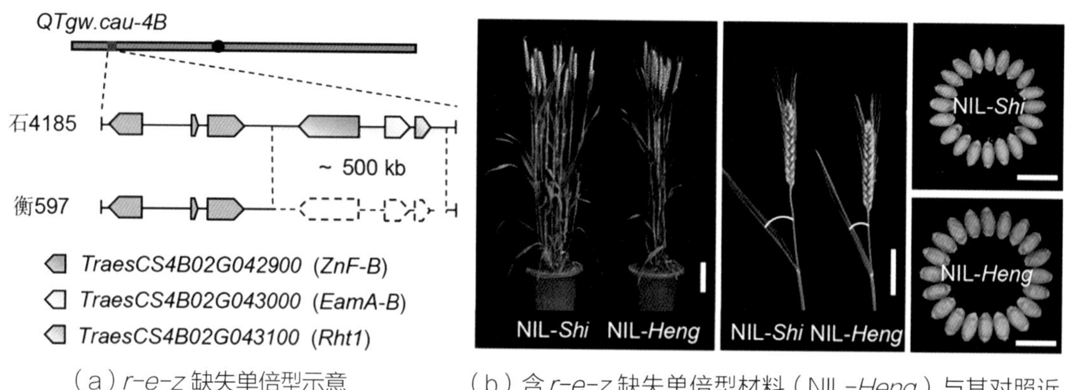

（a）*r-e-z* 缺失单倍型示意

（b）含 *r-e-z* 缺失单倍型材料（NIL-*Heng*）与其对照近等基因系材料（NIL-*Shi*）整株、穗部及旗叶、籽粒等表型对比

（c）田间不同密度种植，*r-e-z* 缺失单倍型（NIL-*Heng*）均能显著提升群体产量

图 3-1-18　*r-e-z* 缺失单倍型的鉴定与田间小区产量比较实验

揭示核孔复合体转运核糖体前体的分子机制

细胞核通过与细胞质之间进行信息物质交流控制着细胞内几乎所有的生命活动。核孔复合体是位于核膜表面、介导生物大分子进行核质转运的唯一通道，其结构与功能的紊乱会引起各种严重的疾病，甚至癌症。核糖体是细胞内合成蛋白质的大分子机器，其生物合成过程起始于细胞核内，然后经由核孔复合体转运至细胞质内完成最后的成熟。然而，核孔复合体如何转运核糖体前体这一关键的生物学问题至今仍是一个谜。核孔复合体和核糖体庞大的体积、复杂的结构以及瞬时的转运过程，使得研究核孔复合体转运核糖体前体的分子过程极具挑战性。

在自然科学基金委（面上项目 32071192、32271245）的资助下，清华大学 / 南方科技大学隋森芳教授团队开展了关于核孔复合体转运核糖体前体的分子机制研究（图 3-1-19）。团队运用多种生化手段，成功捕捉到核孔复合体转运核糖体前体的分子瞬间状态，分离纯化了高质量的核孔复合体 - 核糖体前体的复合物样品。团队依托清华大学、南方科技大学的高性能冷冻电镜平台，成功解析了转运过程中核糖体前体的高分辨率三维结构。相关成果以“Nuclear Export of the Pre-60S Particles through Nuclear Pore Complex”为题，于 2023

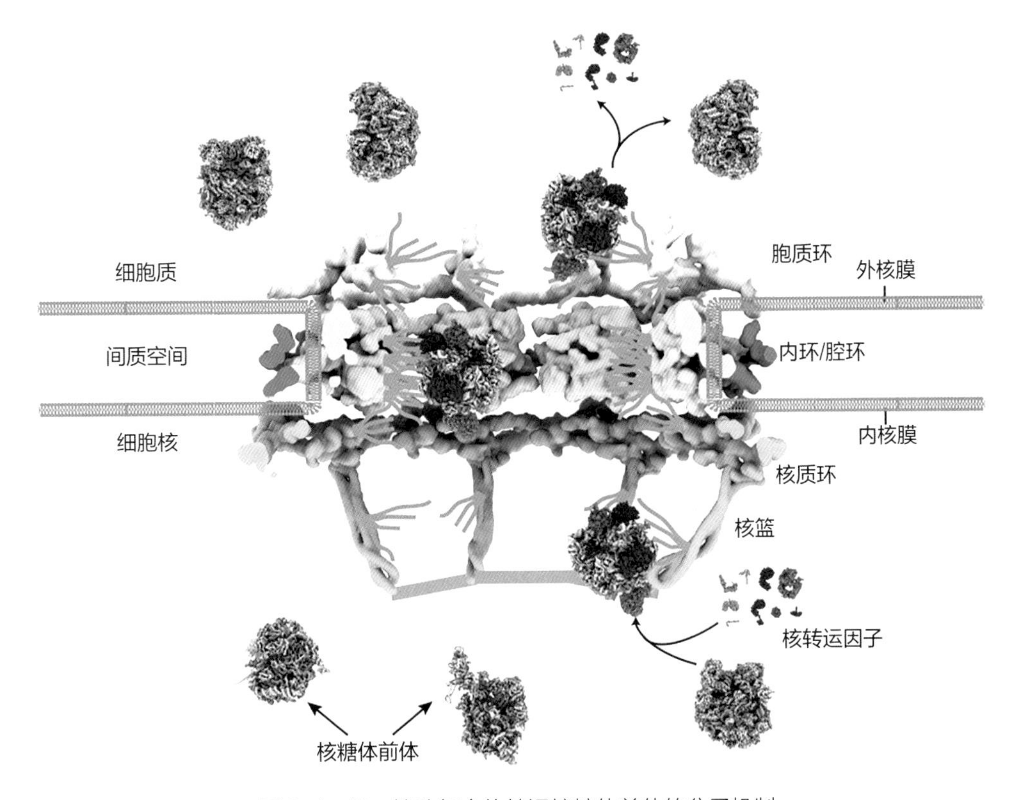

图 3-1-19　核孔复合体转运核糖体前体的分子机制

年 5 月 31 日发表在 *Nature* 上。该研究进一步完善了核糖体生物的合成过程，揭示了核孔复合体转运核糖体前体的分子机制，为靶向核孔复合体和核糖体的新药研发提供了重要的理论依据。

相分离调控节律性蛋白翻译的分子机制研究

昼夜节律以多种形式调节着地球生命的行为规律，如人体的体温变化、睡眠觉醒行为等。在分子水平，昼夜节律主要由转录－翻译负反馈环调控。在这个环路中，转录、mRNA 加工等过程以昼夜节律模式进行，精准调控着众多基因的节律表达。但这些节律性过程如何实现时间和空间上的协调，仍有大量谜题亟待解答。昼夜节律紊乱与 2 型糖尿病、神经退行性疾病等多种疾病息息相关。解析昼夜节律中分子动态变化机制、探索节律产生和维持的原因，对于治疗节律紊乱相关疾病与指导人类的健康生活具有重要价值。

在自然科学基金委（面上项目 32170684）资助下，清华大学吝易研究员团队与杨雪瑞副教授团队合作揭示了细胞利用相分离对蛋白质翻译进行精细的时空调控，从而维持昼夜节律周期的分子机制（图 3-1-20）。相关成果以“Circadian Clocks are Modulated by Compartmentalized Oscillating Translation”为题，于 2023 年 6 月 26 日在线发表在 *Cell* 上。

以往生物钟领域的研究重点为解析转录层面的相互调控，较少关注翻译层面的调控机制。团队另辟蹊径，聚焦于节律性蛋白翻译过程，从多方面验证了蛋白翻译存在节律性振荡。同时，该研究创新性地将随昼夜节律振荡的相分离系统引入节律性翻译的调控中，发现 ATXN2 及其同源蛋白 ATXN2L 在哺乳动物节律中枢所在的视交叉上核（SCN）区域中发生了相分离并形成了节律性振荡的蛋白凝聚体，并且这些凝聚体的大小及数量会随昼夜节律而振荡（图 3-1-21）。团队通过进一步研究表明，ATXN2 凝聚体依次招募、富集了一系列与 RNA 相关的生物过程分子，并在其相分离过程的振荡高峰期大量募集翻译起始因子和核糖体蛋白，促进了核心时钟基因 *Per2*、*Cry1* 等翻译起始。同时，团队对 ATXN2/2L 敲除的小鼠模型进行了节律行为实验，发现其节律发生紊乱。

同行专家评论该研究“填补了内源性生物钟在翻译层面如何被精细调控的空白，为今后生物钟分子机制的研究提供了新的场域”，以及“为开展相关疾病的药物研发和治疗提供了新的思路和目标”。

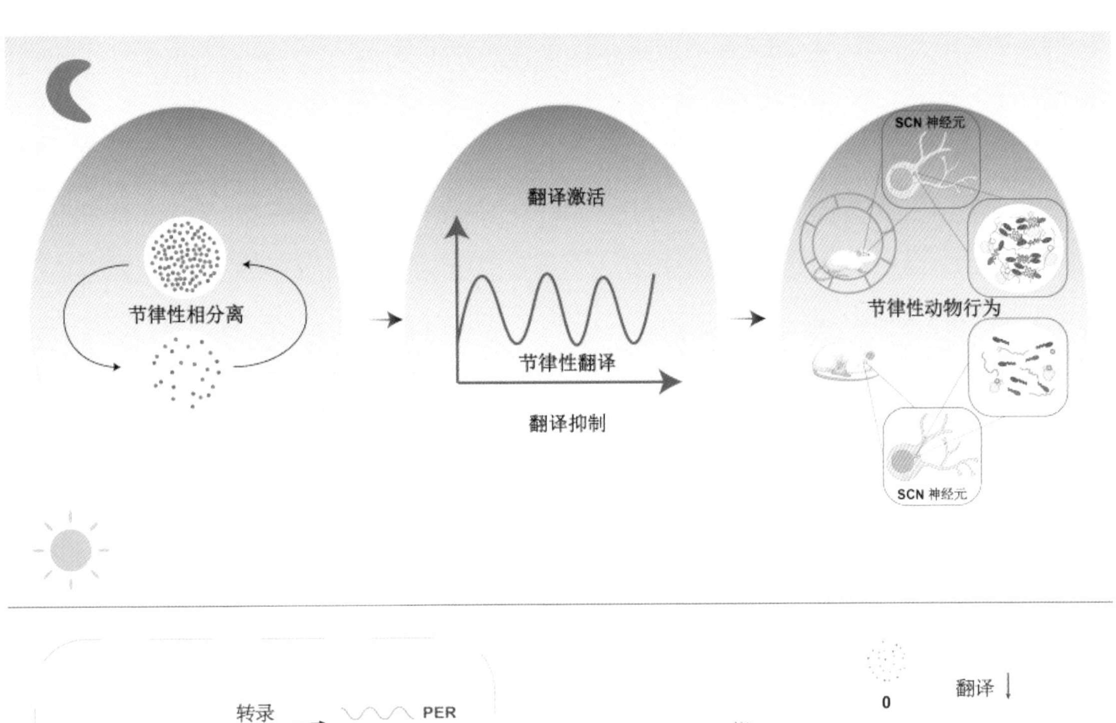

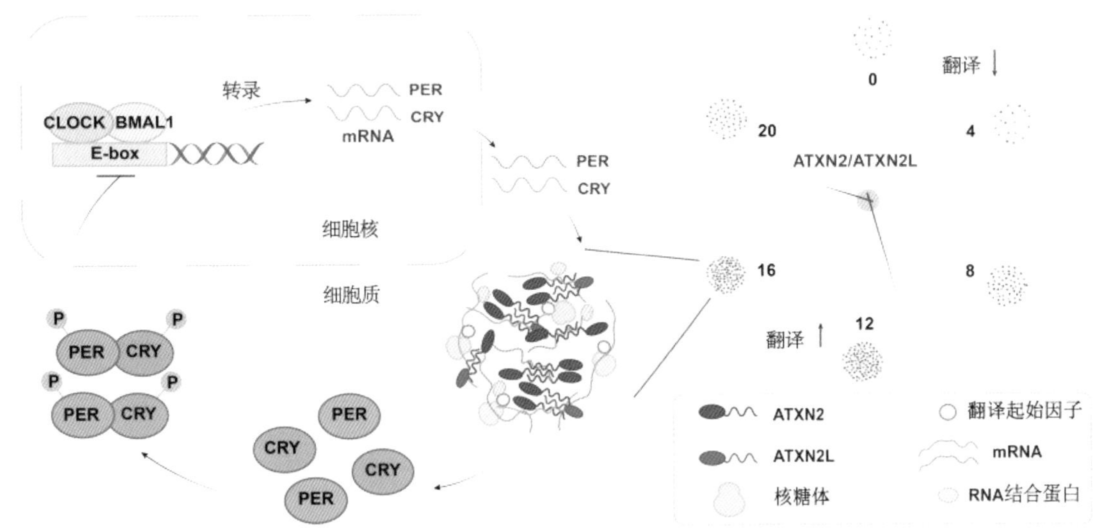

图 3-1-20　ATXN2/ ATXN2L 相分离调控节律性蛋白翻译的分子机制模型

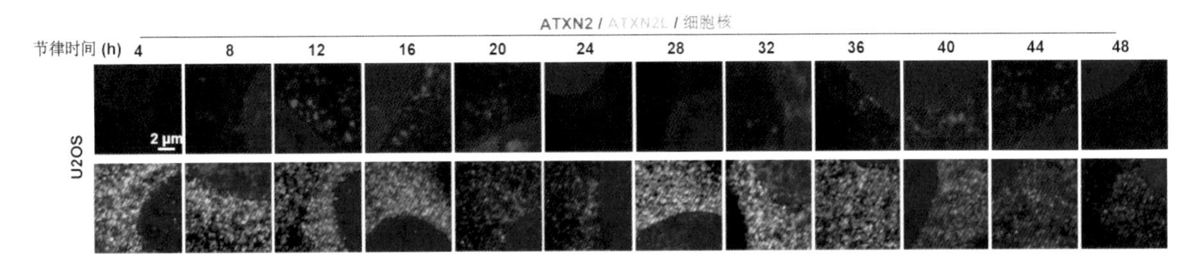

图 3-1-21　ATXN2 与 ATXN2L 在 U2OS 细胞中形成节律性振荡的蛋白凝聚体

植物远缘杂交过程中“花粉蒙导效应”的分子机制研究

新物种的产生对于维持地球生物多样性具有重要意义。不同种属植物间的杂交成种是植物新物种形成的重要机制。然而，杂交成种需要克服不同种属植物间的合子前及合子后生殖障碍才能成功。柱头是雌蕊识别花粉的第一个也是最重要的场所，柱头处的生殖障碍是实现远缘杂交需要克服的第一个障碍。20 世纪 50 年代，研究人员曾尝试把同种花粉与异种花粉混合授粉，以帮助异种花粉突破柱头处的生殖障碍，促进远缘杂交，这就是著名的“花粉蒙导效应”。然而，70 多年后，花粉蒙导效应的分子机制仍未得到解析。

在自然科学基金委（重大项目 31991202、重点项目 31830004、优秀青年科学基金项目 32122014、面上项目 32070854）等资助下，北京大学瞿礼嘉教授、钟声副研究员团队以模式植物拟南芥为材料，阐明了柱头处种 / 属间生殖障碍形成的调控机制，提出了柱头 – 花粉识别的“锁 – 钥模型”，从分子层面完美解释了花粉蒙导效应。柱头的乳突细胞表面受体 FER/ANJ/HERK1/CVY1、乳突细胞自分泌小肽 sRALF1/22/23/33，以及细胞壁蛋白 LRX3/4/5 等组分协作构成“锁”，该锁能阻止花粉管穿入柱头。自身及近缘植物种的花粉携带的七个旁分泌小肽 pRALF10/11/12/13/25/26/30 即为“钥匙”，该钥匙能打开柱头处的锁，使得花粉管可以穿入柱头。远缘植物的花粉由于没有携带该钥匙，打不开柱头处的锁，故花粉管无法穿入柱头，从而形成了植物种间 / 属间杂交障碍。若将同种花粉与远缘花粉混合授粉，由于同种花粉携带有钥匙，远缘花粉管就能跟随同种花粉管一起穿入柱头，这就是花粉蒙导效应。更重要的是，将人工合成的钥匙（即同种花粉的 pRALF 小肽）施加到柱头，可替代同种蒙导花粉，克服生殖障碍（图 3–1–22）。

相关成果以“Antagonistic RALF Peptides Control an Intergeneric Hybridization Barrier on Brassicaceae Stigmas”为题，于 2023 年 10 月 26 日发表在 *Cell* 上，该刊同期发表了前沿预览（Leading Edge Preview）评论。成果发表后引起国际植物学界的广泛关注，*Nature Plants*、*Molecular Plant*、*Trends in Plant Science* 等国际期刊相继发表了亮点评述来推介该成果，认为该项研究为打破植物生殖障碍、实现远缘杂交提供了理论基础和创新策略。

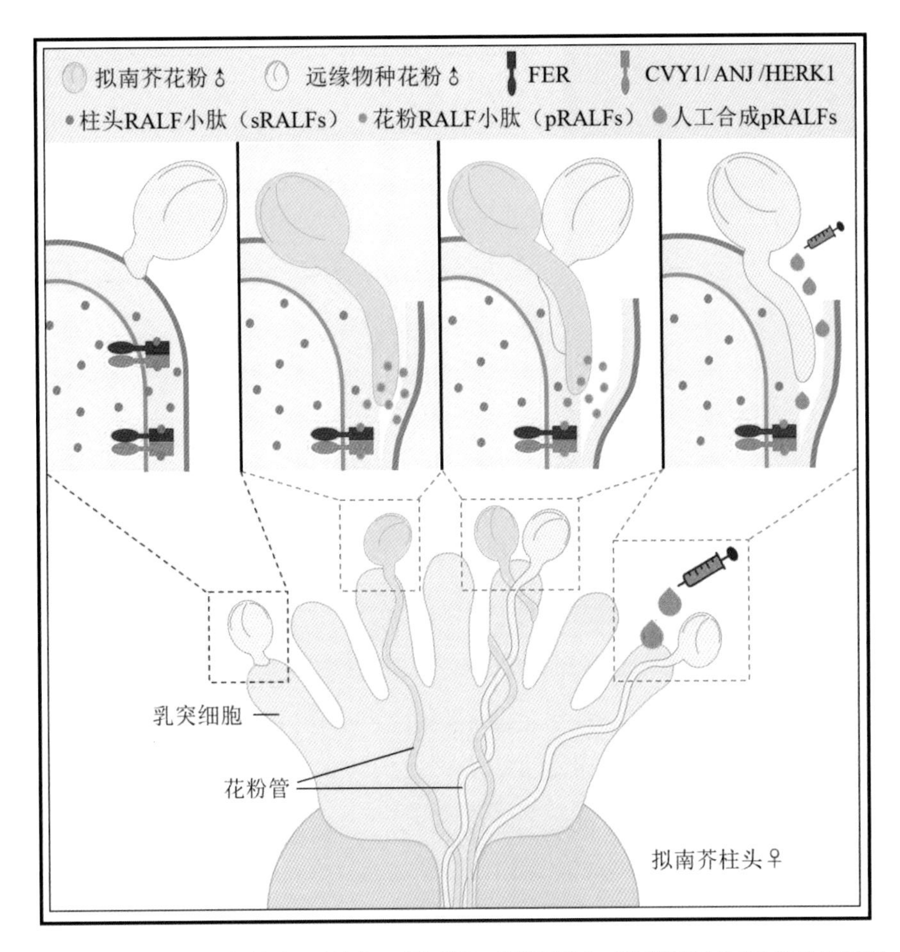

图 3-1-22　被子植物柱头 – 花粉识别的“锁 – 钥模型”和“花粉蒙导效应”的分子机制

神经环路靶向调控技术干预帕金森病运动表型研究

帕金森病是老年人群中最为常见的神经退行性疾病之一，全球有超过 600 万患者，其中一半的患者在我国。左旋多巴是目前临床上最常用的帕金森病治疗药物，但该药物除了干预帕金森病累积的基底节多巴胺神经环路并恢复其功能以外，还非特异性地作用于全脑和全身其他的多巴胺系统，缺乏选择性且会引发多种副作用，因此亟须研发高度特异性的帕金森病治疗方法。

在自然科学基金委（面上项目 31871090、青年科学基金项目 32000730）等资助下，中国科学院深圳先进技术研究院路中华研究员团队、戴辑副研究员团队和鲍进研究员团队合作，在开发神经环路靶向调控技术干预帕金森病运动表型研究领域取得新进展。相关成果以“Circuit-Specific Gene Therapy Reverses Core Symptoms in a Primate Parkinson’s

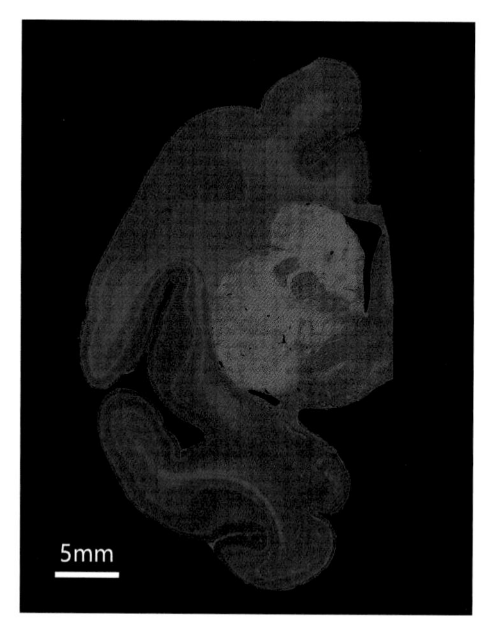

图 3-1-23 猕猴 D1 中棘神经元靶向标记

Disease Model”为题，于 2023 年 11 月 22 日发表在 *Cell* 上。

团队开发了一种基于逆向腺相关病毒（retrograde AAV）的靶向治疗策略，实现了对疾病累积的基底节神经环路的精准靶向干预。团队研发了高效逆向标记 D1 中棘神经元的全新 AAV 衣壳 AAV8R12（图 3-1-23），驱动目标基因在中棘神经元广泛表达的全新启动子 G88P2/3/7，并选用了与全身系统给药相匹配的化学遗传学元件 rM3Ds。上述组件构成的神经调控体系不仅能在小鼠脑中，还能在猕猴脑中靶向激活 D1 中棘神经元 / 基底节直接通路（图 3-1-24、图 3-1-25）。进一步的动物实验发现，这一靶向治疗

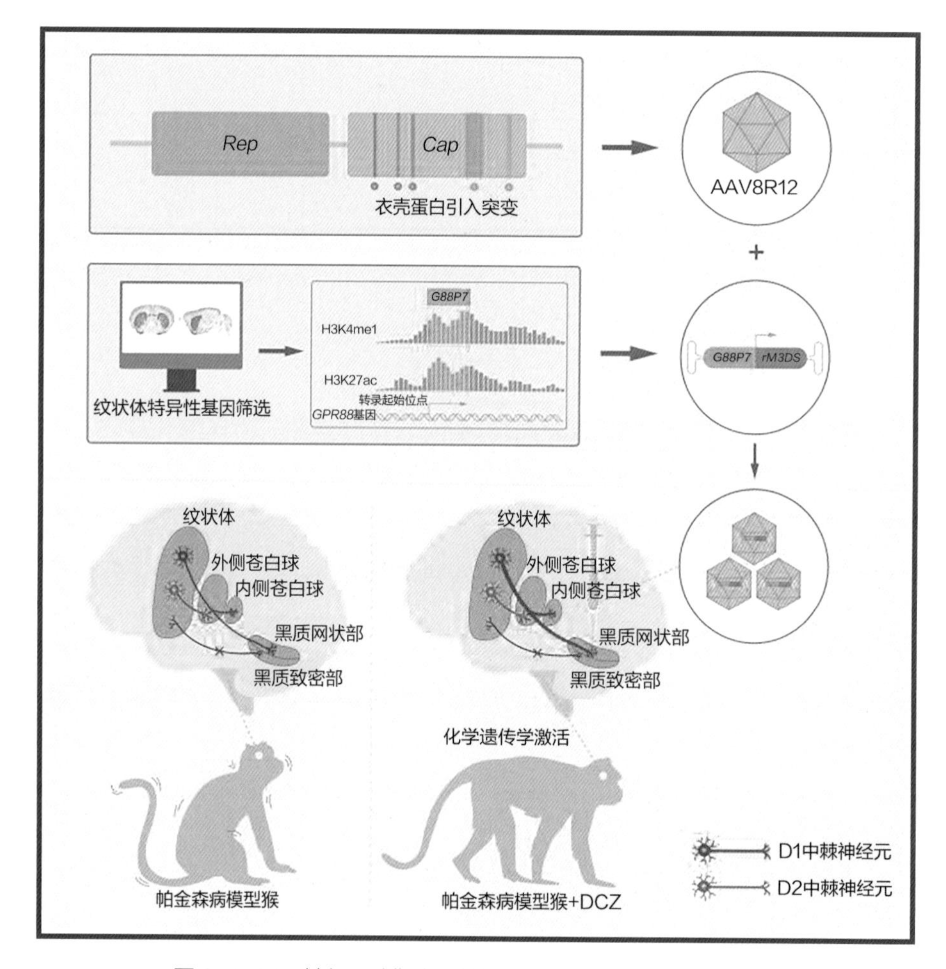

图 3-1-24 神经环路靶向调控逆转帕金森病样运动表型示意

策略在非人灵长类帕金森病模型中高效逆转了与运动相关的疾病表型。相较于干预前，干预后动物的运动迟缓表现得到缓解，震颤表型基本消除，运动技巧也得到了很大恢复。

该研究得到了《动物学研究》、*Nature Reviews Drug Discovery* 等国内外期刊的研究亮点评述，一致评价该研究建立的靶向干预技术为实现帕金森病精准治疗并逆转疾病表型提供了新的治疗策略。

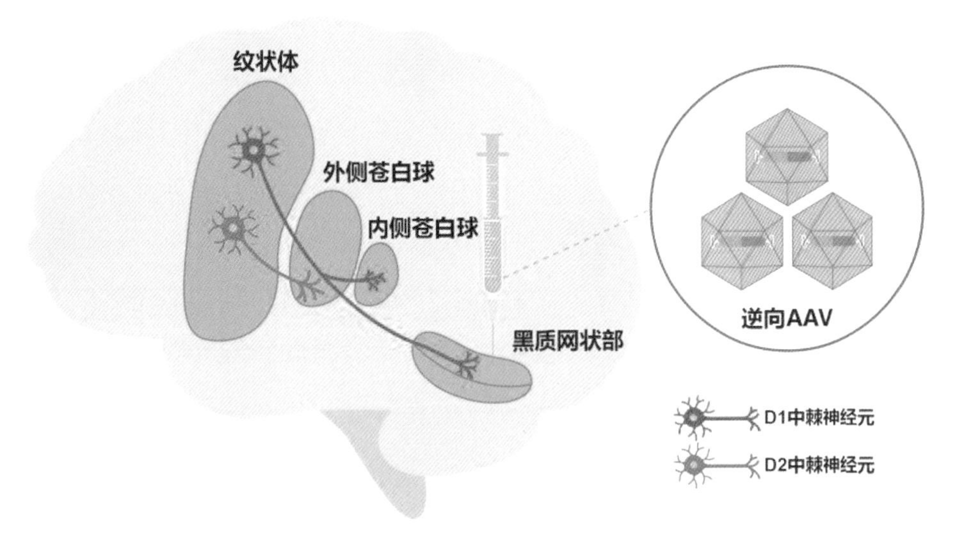

图 3-1-25　神经环路靶向调控逆转帕金森病样运动表型示意

原子阱氪、氩同位素定年装置的研究

惰性气体中的放射性氪（^{81}Kr、^{85}Kr）、氩（^{39}Ar）同位素具有稳定的物理性质和化学性质，在大气中分布均匀、初始值确定，在环境介质中输运机制简单，定年范围覆盖几年至 130 万年，能够为地球科学提供可靠的示踪定年信息。然而，这三种同位素丰度极低，在有限的环境样品中定量检测出它们的含量挑战性极大。因此，急需研发能够稳定检测环境样品中放射性氪、氩同位素的仪器，以抢占基础研究的制高点。

在自然科学基金委（国家重大科研仪器研制项目 41727901）的资助下，中国科学技术大学卢征天教授团队首先提出了原子阱痕量分析（atom trap trace analysis）技术；设计并整合了激光系统、亚稳态惰性原子束产生和预冷系统、原子光学系统、离子电流收集和测量系统、真空系统等；突破了高强度亚稳态原子束流、高效率原子捕获、高灵敏度单原子探测、高精度原子计数定标等多项技术瓶颈；最终成功研制了重大科研仪器——原子阱氪、氩同位素定年装置（图 3-1-26），并建立了配套的样品前处理系统以及相关的分析测试方法。该仪器对现代样品的单原子计数率分别达到了每小时 1 000 个 ^{81}Kr 原子、每小时 10 000 个 ^{85}Kr 原子和每小时 10 个 ^{39}Ar 原子；大幅度减少了分析测试所需的样品量，其中对地下水样品的需求量降至 20 kg 以下，对冰芯样品的需求量降至 3 kg 以下。仪器的各项技术指标不仅处于绝对国际领先水平，还在国际上填补了冰芯中 ^{81}Kr 同位素无法测定的空白，牢固确立了我国在放射性氪、氩定年领域的国际领先地位。

依托项目研发仪器和创新技术，培养与建立了一支具有多学科交叉背景、丰富仪器研发经验的研究团队。团队与国内外近 50 家科研单位建立了广泛合作，开展了包括地下水、海洋、冰芯在内的定年研究等，取得了一批具有重要意义的成果。相关成果发表在 *Nature Physics*、*Proceedings of the National Academy of Sciences*、*Physical Review Letters*、*Earth and Planetary Science Letters* 等期刊上，并获得 4 项国家发明专利。团队成员获得了国家杰出青年科学基金项目、优秀青年科学基金项目等多项资助。同时，团队与国际原子能机构，欧洲、日本以及国内的相关机构也建立了广泛的业务联系，为核安全及核废料处置选址提供了技术支撑，在推动学科交叉、产出重大原创成果方面进行了有益探索。

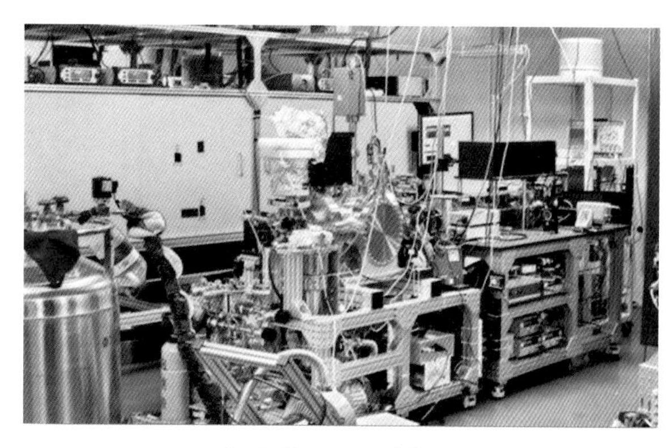
（a）^{81}Kr 原子阱装置

（b）^{85}Kr 原子阱装置

（c）^{39}Ar 原子阱装置

（d）氪、氩自动化分离提纯装置

图 3-1-26　原子阱氪、氩同位素定年装置

地球空间等离子体层的月球潮汐效应研究

月球作为地球的天然卫星，对地球生态环境和人类活动有着重要的影响。其中，最直接的影响是潮汐效应。除了最具代表性的海洋潮汐之外，地壳、大气和电离层等不同高度区域均存在月球潮汐现象。以上这些区域中的物质以固、液、气三种状态为主导，月潮的特征是：由月球引力直接导致，且以半日和半月周期变化为主，如图 3-1-27 中地球表面附近蓝色部分所示的海洋潮汐。然而，在更为广袤的地球磁层中，物质以稀薄的第四态——等离子体形态存在，那么是否也会存在月球潮汐信号？

在自然科学基金委（国家杰出青年科学基金项目 42225405、面上项目 41974189）等资助下，山东大学史全岐教授团队系统分析了国内外近 40 年来 10 余颗卫星（包括中国的嫦娥三号、美国的 THEMIS 以及欧洲的 Cluster 等）穿越地球磁层“冷等离子体海洋”（即等离子体层）的数据，首次发现等离子体层顶的位置存在清晰的全日周期和全月周期月潮变化（图 3-1-27 中橙色部分）。潮汐导致的等离子体层顶高度的变化可达 800 km，其特性显著区别于绝大部分低高度（如地壳、海洋和大气等）潮汐信号。团队通过电场观测和模拟，进一步证明了等离子体层顶的潮汐变化是由电场的潮汐变化引起的。由此表明，引力和电磁力的共同作用导致了等离子体层顶潮汐信号特征显著区别于近地面区域仅由引力引起的潮汐信号特征。

图 3-1-27　海洋潮汐（蓝色部分）与等离子体层顶潮汐（橙色部分）对比

相关成果以"Evidence for Lunar Tide Effects in Earth's Plasmasphere"为题，于 2023 年 1 月 26 日在线发表在 *Nature Physics* 上。该研究是国际上首次观测到地球等离子体层中存在月球潮汐信号的研究，促进了研究者对潮汐现象和月球对近地空间环境作用的理解，拓展了地月系统相互作用的认知，有助于进一步研究其他行星系统中卫星和行星的相互作用过程。

大气甲烷浓度增速机制的研究

甲烷是一种重要的温室气体。自工业革命以来，大气中的甲烷浓度增加了 2 倍。为实现《巴黎协定》中的温室气体减排目标，削减人为甲烷排放量来降低大气甲烷浓度的任务迫在眉睫。值得注意的是，近 15 年的大气甲烷浓度加速增长，并在 2020 年达到了 1984 年有站点观测记录以来的最大值。因此，如何解析大气甲烷浓度近期加速增长的机制，成为国际上全球气候变化研究的重要难题。

在自然科学基金委（优秀青年科学基金项目 41722101、重点项目 41830643）的资助下，北京大学彭书时研究员团队与海外合作者结合"自下而上"和"自上而下"的温室气体源汇评估方法及多源数据，阐明了 2020 年大气甲烷浓度飙升的机制。大气甲烷浓度增速主要受人为源排放、自然源排放、大气汇的共同控制。然而，这三部分估算结果的不确定性增加了大气甲烷浓度增速归因研究的难度。2020 年，受各国新冠疫情防控措施的影响，人为甲烷排放总量有所降低，但大气甲烷浓度反而飙升，这为控制人为排放研究大气甲烷浓度变化归因提供了完美契机。结果发现，2020 年更加暖湿的气候导致北半球自然湿地甲烷排放增加，其贡献了当年大气甲烷浓度增速的一半。疫情导致的人为氮氧化物排放减少降低了大气中 OH 自由基浓度，从而贡献了 2020 年大气甲烷浓度增速的另一半（图 3-1-28）。未来，甲烷减排计划需要考虑氮氧化物等人为污染物排放所导致的大气甲烷浓度变化。

相关成果以"Wetland Emission and Atmospheric Sink Changes Explain Methane Growth in 2020"为题，于 2022 年 12 月 15 日发表在 *Nature* 上。该期刊同期以"Cause of the 2020 Surge in Atmospheric Methane Clarified"为题作了专题评论，认为该研究突破了甲烷收支研究的瓶颈，揭开了 2020 年大气甲烷浓度飙升之谜。该研究既为理解全球的甲烷收支提供了新见解，也为《巴黎协定》目标的达成和全球甲烷减排承诺提供了科学依据。

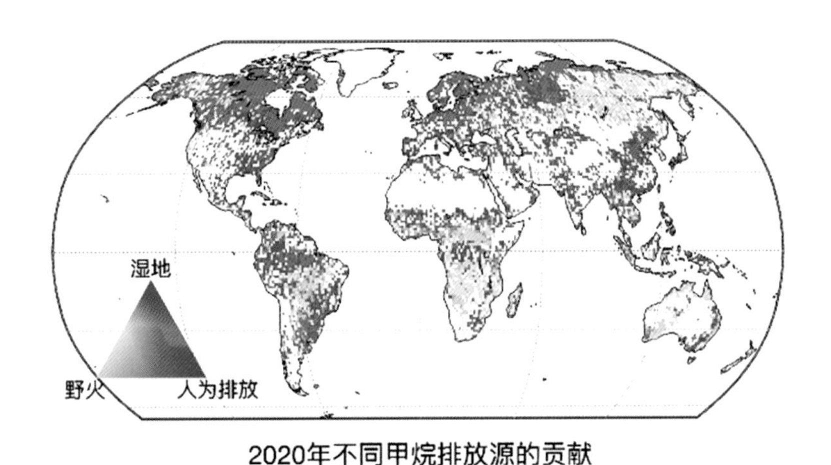

图 3-1-28　2020 年甲烷排放变化主导源的空间格局

地球早期大陆地壳起源研究

地球早期大陆的起源与板块构造的启动是地球科学领域的核心科学问题，前人通过大量研究提出了各种模型，但目前仍存在很多争议，因此需要从一个新的视角对这一问题提供新的制约。岩浆氧逸度和水含量是控制岩浆形成、演化和成矿的关键变量，也是俯冲带岛弧岩浆区别于其他构造环境下形成的岩浆的本质特征。然而，由于普遍的变质作用改造，太古宙古老岩石的岩浆氧逸度和水含量的厘定一直是学术界的难题。

在自然科学基金委（面上项目 41872191、优秀青年科学基金项目 41922017、国家杰出青年科学基金项目 42025202）等资助下，南京大学葛荣峰教授、朱文斌教授、王孝磊教授与澳大利亚科廷大学西蒙·维尔德（Simon Wilde）教授合作，结合两种基于锆石微量元素的氧逸度计，创新性地提出了锆石氧逸度－湿度计。该方法可以根据锆石结晶时的氧逸度，计算平衡岩浆的水含量，准确度在 1%（质量分数）以内，如图 3-1-29（a）所示。在此基础上，团队计算了全球主要克拉通内太古宙花岗质岩石的岩浆氧逸度和水含量，发现大多数太古宙花岗质岩浆的氧逸度相对于同期幔源岩浆有一个数量级的升高，其水含量也显著高于同期幔源岩浆，且与显生宙俯冲带岛弧岩浆类似如图 3-1-29（b）所示。研究还发现，在地球形成后约 5 亿年的始太古代（36 亿—40 亿年前），初始俯冲作用的启动导致花岗质岩浆的氧逸度和水含量显著升高。

相关成果以“Earth’s Early Continental Crust Formed from Wet and Oxidizing Arc Magmas”为题，于 2023 年 9 月 27 日在线发表在 *Nature* 上。该研究成果对揭示早期大陆的

起源、板块构造的启动、关键金属矿产资源的形成具有重要意义。多位国际专家高度评价了该成果，认为“这项工作为地球科学中一个非常经典的争论提供了新的见解。这一关键问题的解决可能具有深远的影响”。

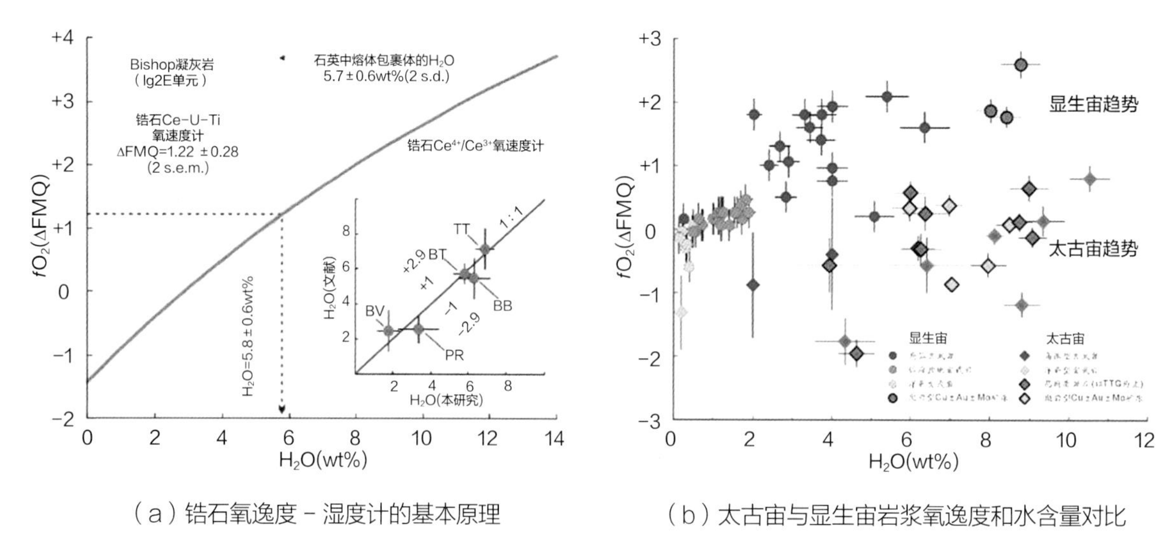

（a）锆石氧逸度－湿度计的基本原理　　（b）太古宙与显生宙岩浆氧逸度和水含量对比

图 3-1-29　太古宙花岗质岩浆氧逸度与水含量的计量方法和结果

全球钢铁行业碳中和路径研究

钢铁行业二氧化碳排放量约占全球工业二氧化碳排放总量的 25%，是全球工业部门中碳排放量最高的行业。近几十年来，城市化和工业化进程导致钢铁需求激增，推动了全球范围内新建大量钢铁生产设施，这给全球钢铁行业碳减排带来了巨大挑战。目前，钢铁行业碳排放主要来自长流程炼钢工艺，其工序繁复，涉及多个排放环节，且减排技术尚不成熟。

在自然科学基金委（创新研究群体项目 41921005）的资助下，清华大学关大博教授团队基于自主研发的全球钢铁行业设施级别碳排放数据库，详细剖析了全球钢铁行业碳排放特征，构建了全球钢铁行业逐厂级脱碳策略，提出了高度差异化的全球钢铁行业碳中和路径。团队首先搜集整理了包含炼焦、烧结、球团、炼铁和炼钢等主要工序的全球钢铁行业设施级别碳排放基础信息，在此基础上构建了排放动态表征算法，自主研发了包含 1 万多个设施的全球钢铁行业碳排放数据库，将全球钢铁排放表征能力从区域和行业尺度提升到单个设施和工序尺度（图 3-1-30）。团队进一步发现全球不同国家的钢铁行业设施在规模、技术、服役年限和碳排放方面存在巨大差异。针对燃煤高炉－氧气顶吹转炉长流程工艺，团队设计出了碳排放强度（定义为单位粗钢产量的碳排放）和服役年限－产能比（定义为钢铁厂设备平均服役年限和粗钢产能的比值）两个靶向指标，分别从减排潜力和经济性两方面出发，识别长流程钢铁厂的脱碳优先顺序，提出成本效益最高的全球钢铁行业厂级脱碳策略。团队通过情景模拟，提出及早推广低碳和零碳技术是实现全球钢铁工业深度减排的关键，采取必要的减排措施和技术升级，全球钢铁行业 2020—2050 年累积碳排放有望减少超过 65%。

相关成果发表在 *Nature*、*Nature Climate Change* 上。该研究创新性地构建了全球钢铁行业设施级别碳排放数据库，并在此基础上提出了全球钢铁工业逐厂级脱碳策略与碳中和路径；提出了开展“一厂一策”靶向治理以实现全球钢铁行业低碳转型的碳减排方案，为下一步制定全球钢铁行业减排路线图提供了重要科学依据。

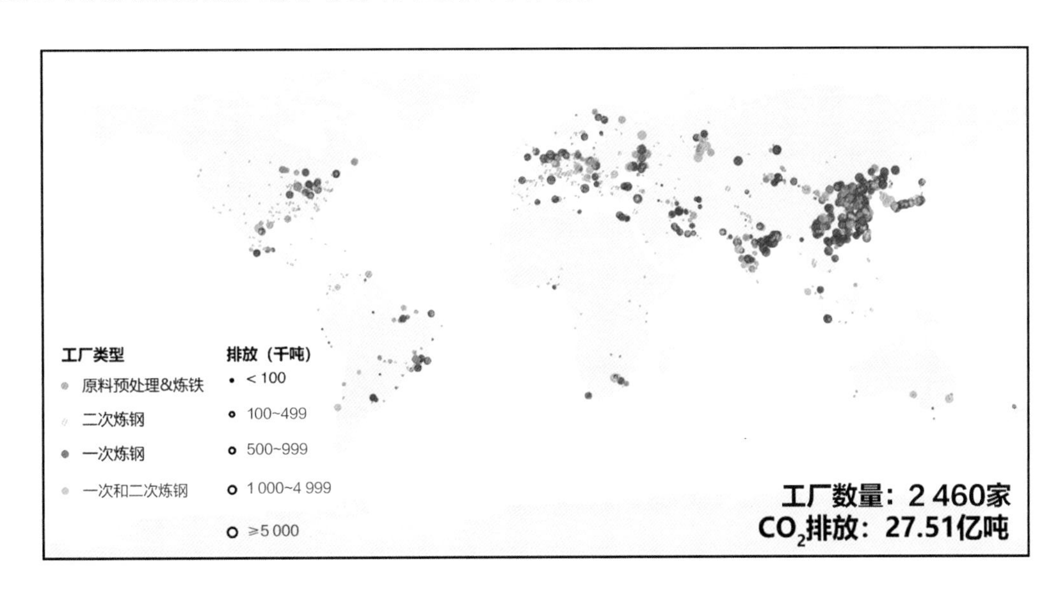

图 3-1-30　2019 年全球在运行钢铁厂的地理位置、工厂类型（散点颜色）和二氧化碳排放（大小）

气候变暖之下中国近海的长期演变规律研究

渤海、黄海、东海、南海合称为中国近海，为周边国家的交通航运、渔业、能源供给、旅游休闲等方面提供了重要的支撑条件。在当前人类活动引起的气候变化影响下，中国近海的水文特征、化学成分和生物多样性等特性都发生了显著变化，深刻影响了区域可持续发展。因此，开展中国近海长期变化规律的学科交叉研究具有重要意义。

在自然科学基金委（重大项目 42090040）资助下，中国科学院海洋研究所王凡研究员团队与合作者在中国近海长期演变规律的整合研究方面取得重大进展。团队通过集成分析多种观测、代用指标和数值模拟资料，厘定了各海域增暖、海洋热浪、富营养化、缺氧酸化、海洋生物物种更迭和群落结构变化等现象的强度与显著性，并阐明了其成因与相互间的联系。团队通过整合梳理多方面观测事实和科学认知，在国际上首次指出海洋物理－化学－生物过程的耦合在中国近海长期演变中的重要性。该研究估算了 1950 年以来，中国近海的平均增暖速率为 0.10~0.14℃ /10 年，自 20 世纪 80 年代起，增暖明显加速（图 3-1-31）。其中，东海增暖最快，且冬季增暖显著快于夏季。增暖趋势还引发了极端高温事件，中国近海“海洋热浪”的发生频次、持续时间和平均强度均显著增加。中国近海许多区域在 20 世纪后半叶呈现明显的富营养化趋势，增暖和富营养化共同导致缺氧和酸化水域扩大。伴随着物理和化学背景的改变，中国近海的浮游、底栖、鱼类生物群落也发生了复杂的变化，以“小型化”和暖水物种北扩为代表性特征。21 世纪以来，在我国生态文明建设和环境治理的努力下，近海的富营养化趋势及其影响得到了有效缓解。

相关成果以“The Seas Around China in a Warming Climate”为题，于 2023 年 7 月 18 日在线发表在 *Nature Reviews Earth & Environment* 上。

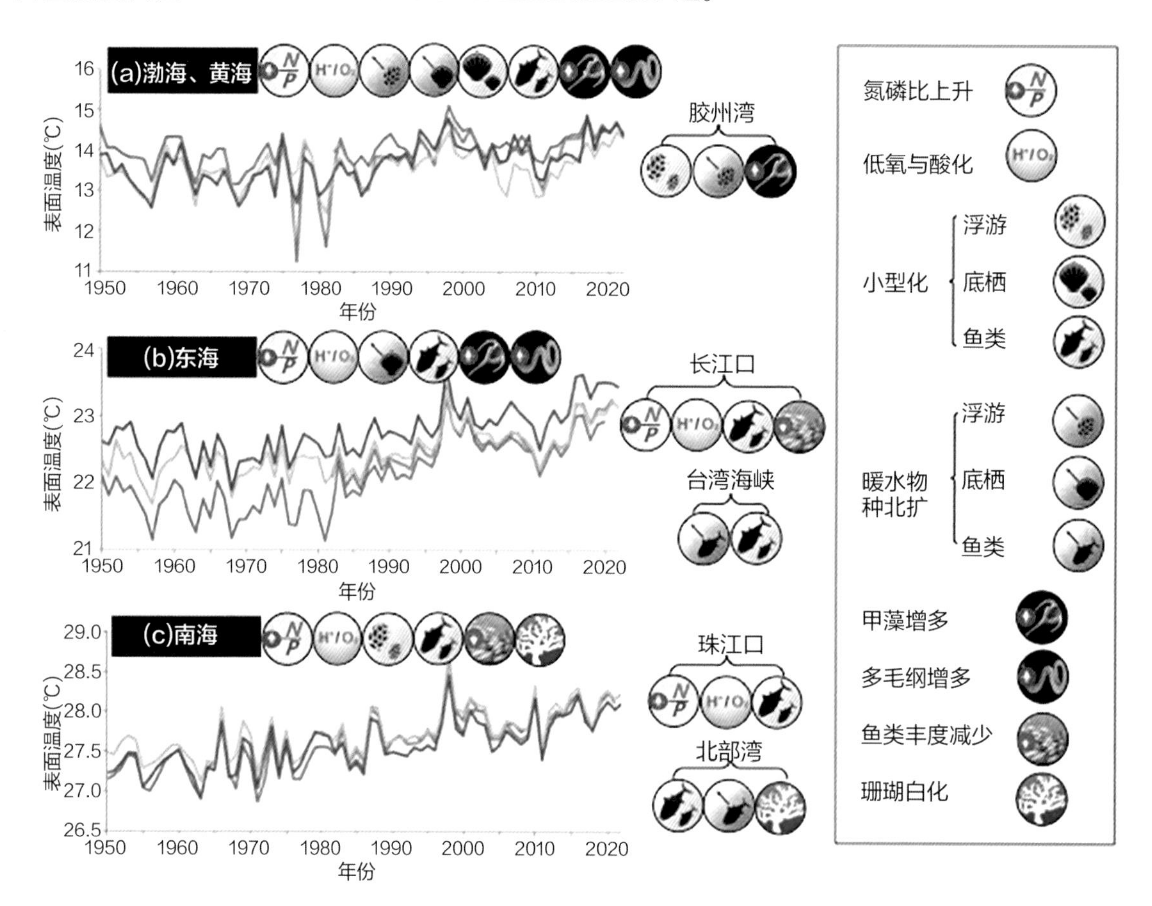

图 3-1-31 中国近海主要变化趋势：渤海、黄海、东海和南海的海表面温度增暖、氮磷比升高、缺氧酸化、生物小型化、暖水物种入侵、甲藻增多、多毛纲增多、鱼类丰度下降和珊瑚白化

高性能压电陶瓷的织构化研究

自 20 世纪 70 年代以来，锆钛酸铅 [Pb(Zr, Ti)O_3，PZT] 陶瓷凭借其优异的压电性能和较高的相变温度，成为水声换能器、医疗超声探头、精密驱动器等重要压电器件中的核心压电材料。进一步提高医疗超声换能器的成像分辨率、提升水声声呐的探测距离，是压电换能器发展的重要方向，这对压电陶瓷的性能提出了更高的要求。对陶瓷晶粒进行织构化（即使晶粒沿特定晶体学方向定向生长），充分发挥晶粒物理性质的各向异性，被认为是提升 PZT 陶瓷压电性能的关键途径。然而，自 20 世纪 90 年代至今，制备晶粒高度择优取向的 PZT 织构陶瓷一直是压电陶瓷领域所面临的重要难题。

在自然科学基金委（优秀青年科学基金项目 51922083，面上项目 52172129、52072092）等资助下，西安交通大学李飞教授团队提出通过“钝化”模板来实现 PZT 陶瓷织构化制备的研究思路。团队一方面研制出了一种新型的锆钛酸盐模板来代替传统钛酸盐模板，提高了模板在 PZT 母体中的稳定性；另一方面设计了 Zr^{4+} 含量非均匀分布的 PZT 母体多层结构来代替传统的均匀结构，使籽晶模板首先在 Zr^{4+} 含量较低的 PZT 母体中完成诱导晶粒定向生长的任务，并在之后的晶粒生长和陶瓷致密化过程中，再通过 Zr^{4+} 和 Ti^{4+} 扩散获得组分均匀的 PZT 织构陶瓷。基于上述方法，团队解决了长期以来 PZT 陶瓷无法被高质量织构化的学术难题，首次制备出了晶粒沿 <001> 晶向高度择优取向的 PZT 织构陶瓷（图 3-1-32），实现了 PZT 陶瓷压电和机电耦合性能的大幅提升［相比于具有相同居里温度（T_C）的传统 PZT 陶瓷，织构 PZT 陶瓷的压电系数提高了 60%］，突破了现有 PZT 陶瓷压电系数与居里温度的制约关系（图 3-1-33）。

（a）PZT 织构陶瓷的截面扫描电镜图，其中晶粒沿 <001> 晶向定向排列

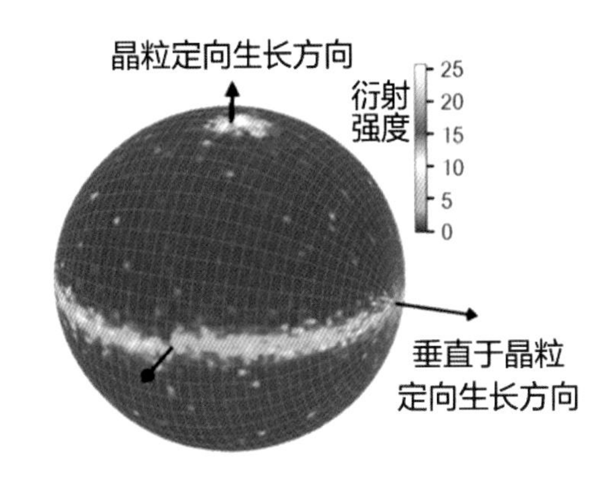

（b）PZT 织构陶瓷同步辐射 XRD{002} 极图

图 3-1-32　PZT 织构陶瓷的截面扫描电镜图与同步辐射 XRD{002} 极图

相关成果于 2023 年 4 月发表在 *Science* 上。该研究为诸多先进陶瓷的织构化工作提供了一种新的思路。同时，研制出的高性能 PZT 织构陶瓷为低频大功率水声换能器、大位移高精度压电驱动器等重要压电器件的性能提升带来了一次新的契机。

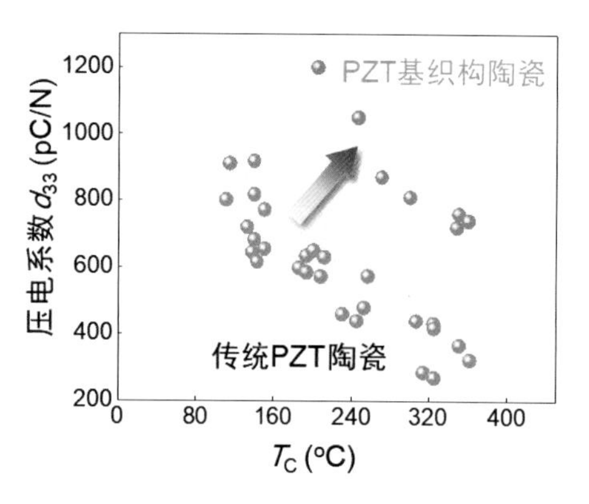

（a）织构陶瓷的压电系数 d_{33} 与居里温度的关系

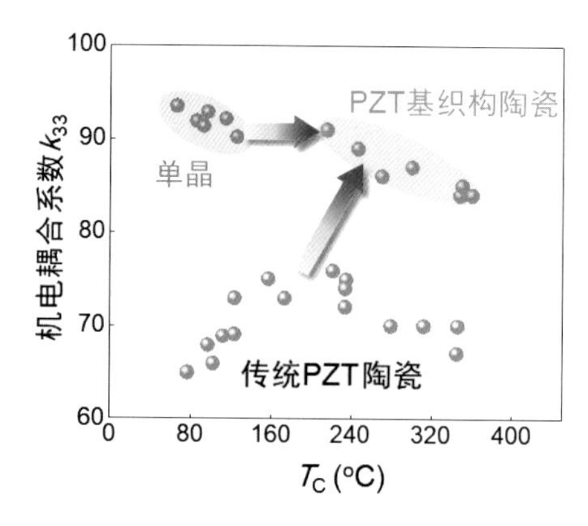

（b）织构陶瓷的机电耦合系数 k_{33} 与居里温度的关系

图 3-1-33　加了晶粒随机取向 PZT 陶瓷以及压电单晶的数据对比

可按需自发变形的形状记忆高分子材料研究

形状记忆高分子（shape merrory polymer，SMP）可在外界环境条件发生变化时由预设的临时形状恢复到原始形状，在医疗器件、航空航天结构以及软体机器等新兴应用中展示出了独特潜力。例如，可利用形状记忆高分子制造各种自展开医疗器件，实现微创植入。然而，在实际应用时，激发变形所需的加热或光照等外部刺激不宜对患者施加，这成为限制形状记忆高分子应用的瓶颈问题。学术界近期报道的自发变形高分子材料可在无外界刺激条件下完成变形，但变形可控性差，器件展开时将卡在非目标位置，导致植入失败。在同一材料体系中同时实现“按需”变形与“自发”变形将克服形状记忆高分子的关键应用缺陷，但就目前的认知而言，这两种变形模式相互矛盾。

在自然科学基金委（重点项目 52033009、面上项目 52273112、联合基金项目 U20A6001）等资助下，浙江大学谢涛教授与赵骞教授团队利用热致相分离水凝胶构建了可按需自发变形的形状记忆高分子，阐明了该类变形行为的机制及调控方法。相关成果以“Shape Memory Polymer with Programmable Recovery Onset”为题，于 2023 年 9 月发表在 *Nature* 上。

团队发现，该水凝胶可在常温外力作用下发生变形，并在高温下发生相分离，从而固定临时形状。回到常温环境后，随着相融合的逐渐发生，水凝胶在一段时间内形状保持不变（即变形潜伏期），随后再自发变形。通过对链结构与临时形状热处理时间进行控制，可有效改变潜伏期，从而编程调控材料自发变形的起始时间点。这种无需额外刺激的定时变形行为解决了“按需”与“自发”两种变形行为的矛盾（图 3-1-34）。在此基础上，团队研究建立了具有普适性的材料模量与变形动力学的关联模型，为材料体系的拓展奠定了理论基础。团队还进一步结合 4D 打印技术制备了可按需自发变形的形状记忆器件，概念性地展示了其在医学临床应用场景中可发挥的独特功能。

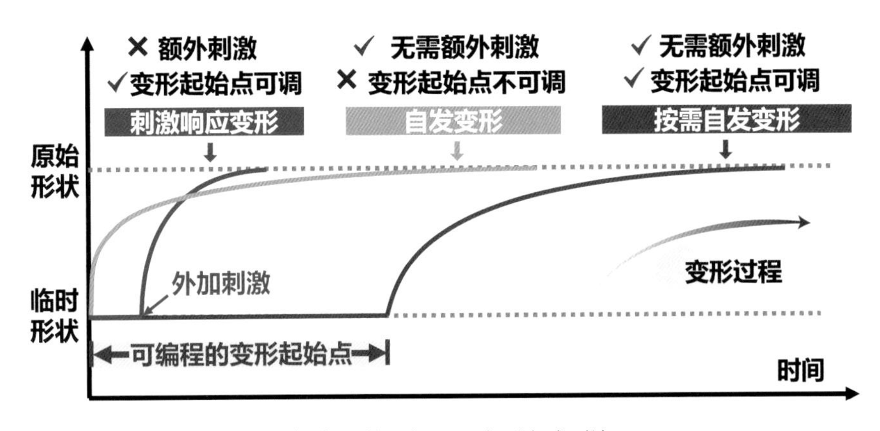

（a）形状记忆不同变形方式对比

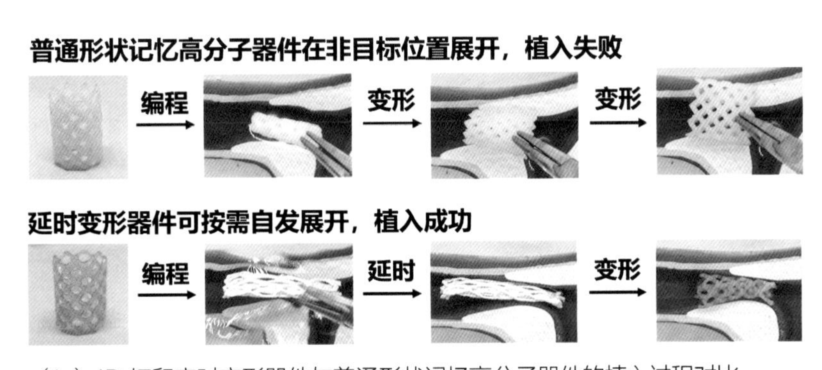

（b）4D 打印定时变形器件与普通形状记忆高分子器件的植入过程对比

图 3-1-34　可按需自发变形的形状记忆高分子

复杂机械载荷与多场耦合材料力学性能测试技术和仪器

安全、稳定服役的材料及制品，是国民经济与国家安全的基础。航天、核能和海洋等领域的关键材料在服役中会不可避免地受复杂载荷乃至多场耦合作用，导致材料损伤失效甚至破坏，恶性事故时有发生。传统技术无法模拟复杂工况，难以原位表征力学行为，已不能满足需要。

在自然科学基金委（优秀青年科学基金项目 51422503、国家杰出青年科学基金项目 51925504、国家重大科研仪器研制项目 52227810）等资助下，吉林大学赵宏伟教授团队在材料力学测试技术领域取得了新进展。团队发明了复杂工况构建原理与方法，研发了复杂静动态机械载荷、多物理场耦合与环境氛围加载技术，攻克了多参量协同控制 / 并行检测、中子 / 同步光源束流入射位置 / 角度调控、异源数据配准融合分析等关键理论与技术；发明了模拟复杂工况原位测试技术，自主研制了三类 26 种仪器，填补了国内空白，突破了国外垄断与技术限制，建立了仪器技术标准，实现了工程化、产业化和标准化。

团队在 *IEEE Transactions on Industrial Electronics*、*IEEE Transactions on Instrumentation and Measurement*、*Mechanical Systems and Signal Processing*、*Review of Scientific Instruments*、*Materials Science and Technology* 等重要期刊发表了一系列论文，受到美国、英国、日本等国学者的好评。成果被相关机构网站以及美国科学促进会、*Science Daily* 等 10 多个著名科技媒体报道。团队发起并主办了两届材料试验技术前沿国际会议；授权中国、美国和日本专利 100 多件，部分已转化实施。在中国机械工业集团有限公司（国机集团）中机试验装备股份有限公司建立了产业化基地，研发的系列仪器被推广应用于航空、航天、核能、海洋、舰船、车辆和质检等 10 余个重点领域，为我国五个重大科技基础设施（含一个预研线站）提供了关键力学试验设备（图 3-1-35），为多个重大工程和重大重点型号安全稳定服役作出了贡献，并在海外得到应用，推动力学试验技术实现由单一工况非原位测试到复杂工况原位测试的跨越式发展。部分成果获得 2023 年度中国机械工业科学技术奖（技术发明类）一等奖。

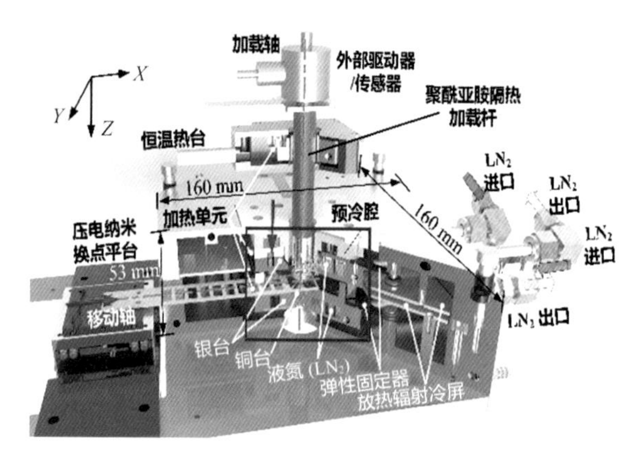

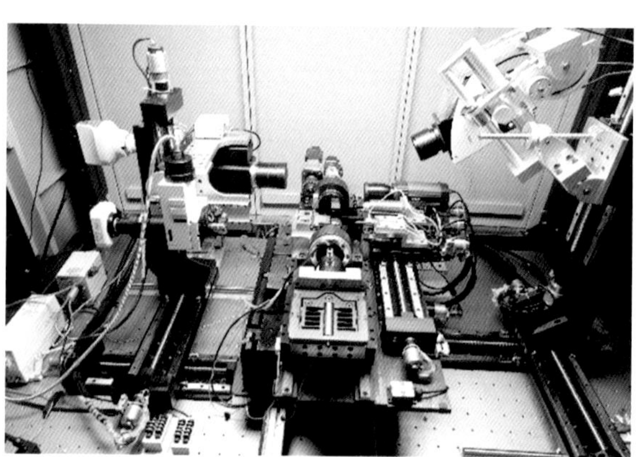

图 3-1-35　复杂机械载荷与多场耦合测试技术和部分仪器设备

兼备高热导和低电导的聚合物电工绝缘材料

在自然科学基金委（面上项目 51877132）等资助下，上海交通大学黄兴溢教授团队与合作者在聚合物电工绝缘材料研究领域取得了新突破。相关成果以“Ladderphane Copolymers for High Temperature Capacitive Energy Storage”为题，于 2023 年 3 月 2 日发表在 *Nature* 上。该研究同时实现了聚合物电解质薄膜热导和电导的调控，使聚合物薄膜的绝缘性能和导热性能不再矛盾。

聚合物电解质薄膜电容器具有极高的能量转换速率，在电磁能装备、电力电子以及新能源装备等领域起着至关重要的作用。随着器件与装备往紧凑化、轻量化、工作环境极端化方向发展，其对聚合物电解质薄膜的储能密度以及耐高温性能的要求越来越高。电荷存储密度与电场强度的平方成正比，因此提高电解质薄膜的击穿场强对增加电容器的电荷存储能力非常重要。然而，聚合物薄膜在高电场下以电子电导为主，不再符合欧姆定律，电导电流随电场强度增加呈指数增大，会产生大量的焦耳热。传统聚合物电解质的导热系数普遍较低[<0.2 W/(m·K)]、散热效率差，这会使介质温度快速升高，进而引起电导指数增加、击穿场强急速降低等连锁反应，造成器件、装备失效等严重问题，在高温下工作的器件和装备的散热问题尤为突出。尽管可以通过纳米添加等方式增加聚合物电解质的导热系数，但这给薄膜制造工艺带来了极大挑战。因此，开发耐高温、本征高导热的聚合物电解质薄膜是最好选择。

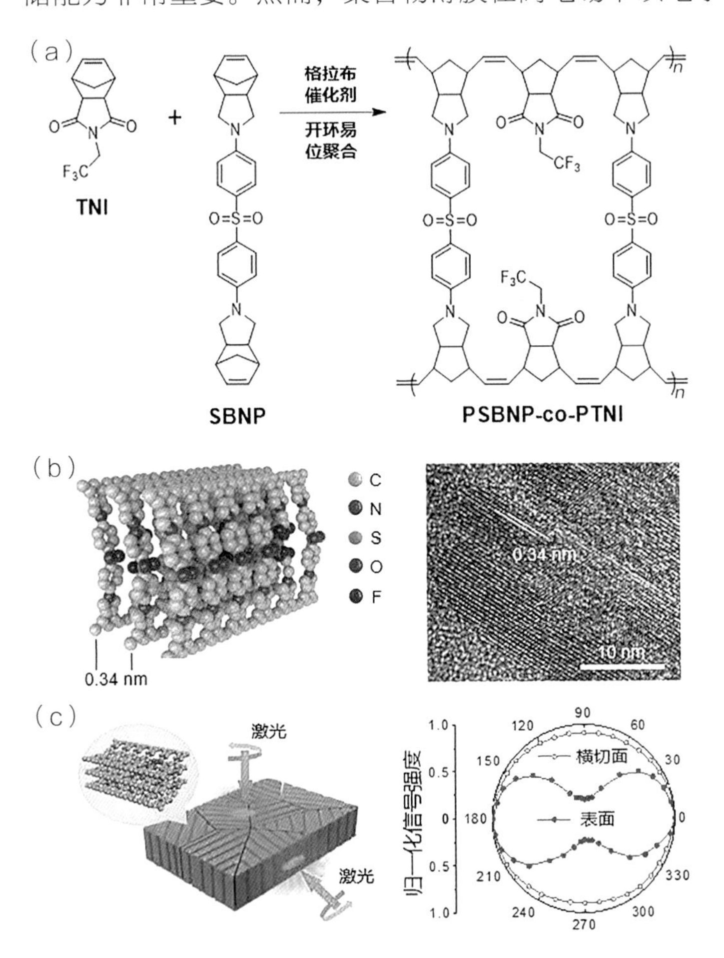

图 3-1-36　双链结构聚合物电解质薄膜的分子结构和自组装形貌

团队通过等规链段层状排列构建阵列化纳米区域（图 3-1-36），并在阵列化纳米区域中引入亲电陷阱基团，在大幅提升柔性聚合物电解质薄膜导热性能的基础上，使电阻率提升了一个数量级，解决了导热和绝缘的矛盾。聚合物电解质薄膜厚度方向的本征导热系数为（1.96 ± 0.06）W/(m · K)，是目前报道的绝缘聚合物本征导热系数的最高值。聚合物电解质薄膜在 200 ℃、90% 效率下的放电能量密度为 5.34 J/cm^3，在 50 000 次充电—放电循环后储能性依然稳定，且具有良好的击穿自愈性，在电磁能装备、新能源汽车、电力电子装置等领域极具应用前景。

大型风电机组预应力钢管混凝土格构式塔架结构

发展风电是我国能源结构调整的重要途径。目前，我国风电开发、建设和运行面临地形、地质、气候环境复杂的挑战。为实现平价上网，单机容量不断增大（陆上 10 MW 及以上，海上 20 MW 及以上）、轮毂高度显著提升（160 m 及以上）、叶片长度持续增加（120 m 及以上），但缺乏与之相适应的高性能塔架结构及其设计理论和方法，因此倒塔事故时有发生，经济损失巨大。

针对上述问题，在自然科学基金委（优秀青年科学基金项目 51822804、面上项目 51778085）资助下，重庆大学周绪红教授和王宇航教授团队原创性地提出预应力钢管混凝土格构式塔架结构。该塔架结构上部受力较小区域采用传统的钢结构塔筒，下部受力较大区域由四根钢管混凝土角柱和交叉斜向空钢管组成，钢管混凝土角柱中施加竖向通长的预应力筋。由于各构件主要承受轴向力，故可充分发挥材料的强度，在角柱中施加预应力可有效避免受拉时钢管内混凝土的开裂问题，受力效率高。构件均为工厂预制、现场螺栓连接，制作和安装效率高。团队开展了理论攻关，突破了角部钢管混凝土构件压弯剪扭复杂受力机制、节点疲劳损伤机制、整体结构在压弯剪扭耦合荷载下的破坏机制等关键科学问题，建立了钢管混凝土构件在单轴往复及压弯剪扭耦合荷载下的分析方法，提出了钢管混凝土加劲环 T 形管板节点疲劳性能分析方法，建立了预应力钢管混凝土格构式塔架结构精细化高效计算方法，解决了传统钢结构塔筒成本高、易倒塌和传统混凝土塔筒易开裂、建造效率低等问题。研究成果获得 2023 年度第 48 届日内瓦国际发明展金奖。

该塔架结构在实现高性能的同时，综合成本还比传统塔架结构降低了超过 10%，并已在山东省完成 165 m 级样机示范工程（图 3-1-37），实现了预应力钢管混凝土格构式塔架结构的首次应用，与周边风电机组相比，发电量提升约 15%。2023 年 8 月，山东德州发生 5.5 级地震，震源深度 10 km，机位点震中距 90 km，塔架结构完好无损。研究成果对促进风电塔架结构理论的发展、推动风电行业“降本增效”、保障风电高效安全开发具有重要意义。

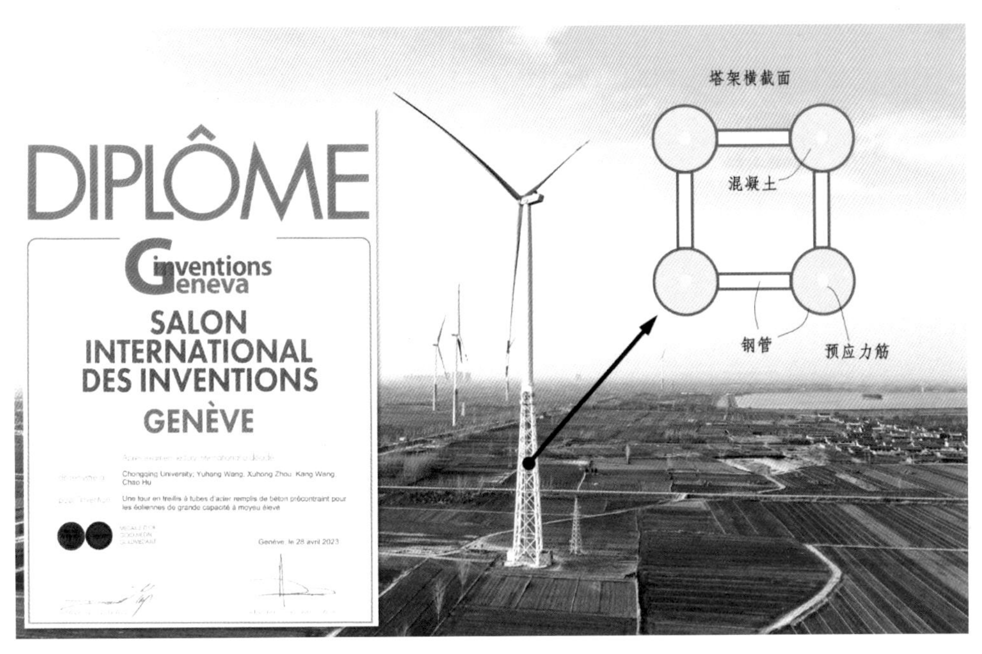

图 3-1-37　预应力钢管混凝土格构式塔架结构示范工程

复杂条件下重大水利水电工程智能建设理论与技术

在自然科学基金委（创新研究群体项目 51021004、51321065、51621092，联合基金项目 U1965207）等持续资助下，天津大学钟登华教授团队在施工智能仿真、建设全过程智能监控、智能无人化装备及施工与数字孪生云平台等方面进行了多年深入研究（图 3-1-38）。该研究的主要创新成果如下。

（1）构建了复杂不确定条件下重大水利水电工程建设一体化智能仿真模型，在复杂环境下施工仿真参数智能辨识、仿真模型动态更新及仿真过程可视化分析方面取得了突破，实现了复杂条件下重大水利水电工程施工进度精准控制。

（2）自主研制了复杂条件下重大水利水电工程建设全过程智能监控系列装备、智能无人化作业系列装备，攻克了复杂条件下多源跨模态信息智能感知、进度 - 质量 - 安全智能分析、机群协同作业等难题，有效缓解了高原冻土地区工程建设人机降效问题，切实保证了工程建设质量、进度与安全。

（3）研发了重大水利水电工程数字孪生空间精细建模与自动更新技术，提出了物理空间－孪生空间同步映射方法，实现了基于数字孪生的重大水利水电工程智能高效建设。

研究成果多次发表在 *Automation in Construction*、*Computer-Aided Civil and Infrastructure Engineering* 等期刊上，成功应用于两河口、双江口、白鹤滩、黄登等多个世界级重大水利水电工程，取得了巨大经济效益，开创了新型、智能化的施工管控模式，推动了我国重大水利水电工程建设由数字化向智能化的革命性转变，为我国水电工程的智能化建设起到引领示范作用。相关成果获得云南省科学技术进步奖一等奖 1 项，中国大坝工程学会科学技术奖特等奖 2 项、一等奖 1 项。

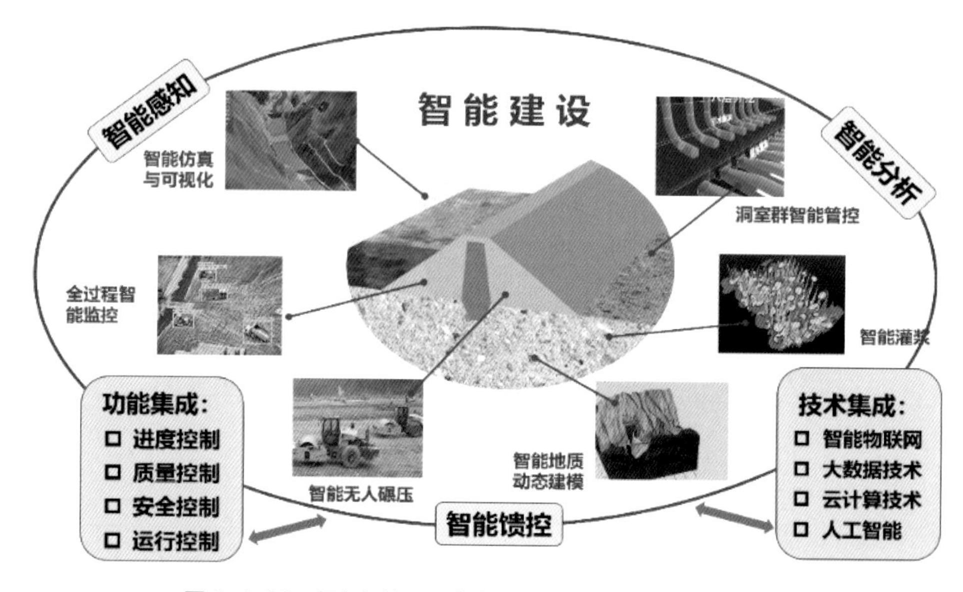

图 3-1-38　复杂条件下重大水利水电工程智能建设理论体系

热红外成像大气湍流强度场测量方法研究

如何快速、准确地测量大气湍流的强度场是航空、航天、气象科学、大气物理等领域广泛关注的重要科学问题。然而，大气湍流的存在导致大气系统呈现响应非线性、边界条件复杂和尺度极端差异性等特点，因此测量大气湍流强度极为困难。现有的测量技术一般需要依赖甚高频雷达、无线电探空仪等昂贵设备，但也仅能获得稀疏的点测量结果。因此，亟待探索一种快速便捷、高度精准的大气湍流强度场测量方法。

在自然科学基金委（面上项目 62271016）资助下，北京航空航天大学白相志教授团队开展了热红外成像大气湍流强度场测量方法研究。团队通过建立大气湍流热红外成像效应解析模型发现，大气湍流光热效应造成的热红外图像退化降质是大气湍流强度场作用于热辐射传播的直接结果。在此基础上，团队提出了大气湍流测量和红外成像湍流退化抑制协作学习框架（physically boosted cooperative learning framework，PBCL），所构造的湍流测量模块和湍流抑制模块通过协作学习有机整合、相互促进，可同时实现大气湍流强度场准确测量与红外成像湍流退化抑制双任务。团队构建了包含 137 336 帧红外图像及对应湍流强度场的大规模验证数据集。结果表明，抑制退化后的红外成像数据与原始未退化成像数据之间的峰值信噪比高达 35 dB，测量所得的大气湍流强度场与预设真值之间的相似度决定系数超过 0.9。在实际自然环境下，PBCL 测量结果与传统温度脉动法结果具有良好的一致性，有利于大气湍流物理量的波动与功率谱分析（图 3-1-39），为快速、有效获取丰富的大气湍流物理特征开辟了新途径。

研究成果以“Revelation of Hidden 2D Atmospheric Turbulence Strength Fields from Turbulence Effects in Infrared Imaging”为题，于 2023 年 8 月 10 日发表在 *Nature Computational Science* 上，团队还受邀在同期 *Nature Computational Science* 上发表研究简报。该研究揭示了大气湍流强度场与复杂湍流热红外成像效应之间的高度相关性，实现了大气湍流二维强度场的快速、精准测量，有助于推动成像与深度学习技术在复杂物理场探测领域的应用。

Nature Computational Science 高级编辑评价该研究从红外图像中学习获得的湍流物理量，在大气科学、气象科学等领域应用广泛；瑞典皇家理工学院数字化平台副主任里卡多·比努埃萨（Ricardo Vinuesa）指出大气湍流测量极具挑战性，并评价该研究在大规模数据中实现了对湍流的可信测量。

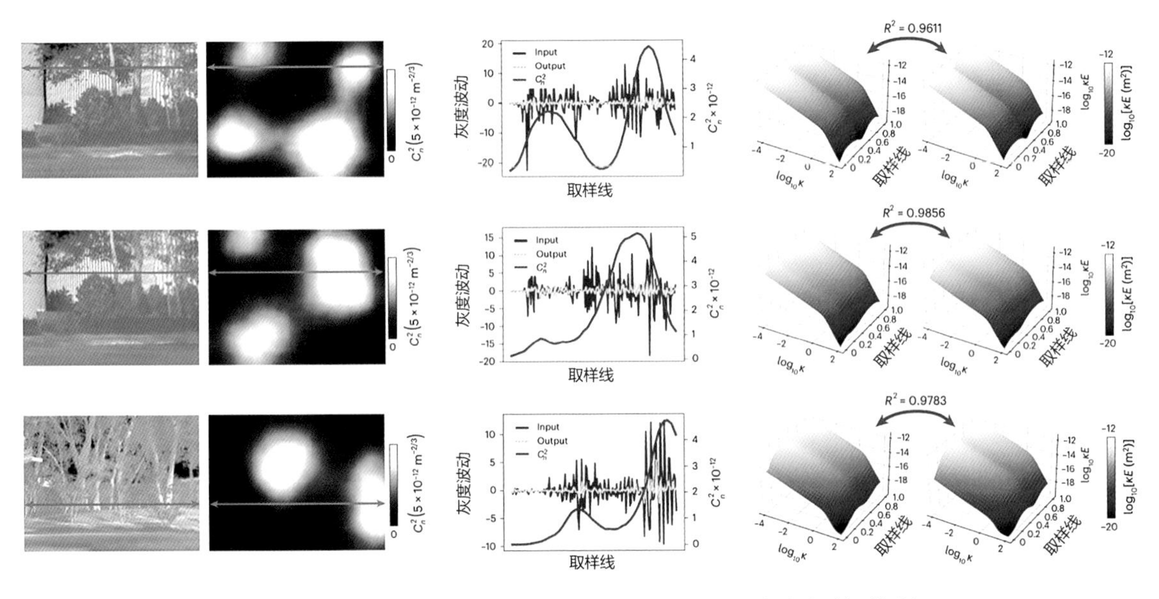

图 3-1-39　以 PBCL 获取的湍流强度场为基础进行湍流波动与谱分析

高技巧极端降水临近预报大模型研究及应用

近年来，受全球气候变化的影响，短时强降水、暴风雨、暴雪等极端降水天气发生频率逐年增加，严重威胁了经济生产和人民生活安全，特别是对农业、新能源、交通、航空、航天、航海等行业影响巨大。然而，极端降水天气过程大多只持续几十分钟，且局限于几千米的范围内，受对流、气旋、地形因素和大气混沌效应的影响，难以被中尺度数值模式系统和纯数据驱动方法准确预报。在 2023 年 5 月 27 日的世界气象组织峰会上，极端降水临近预报被列为未解决的重要科学难题之一，并被 2023 年 8 月出版的 *Nature* 列为“AI for Science”（人工智能驱动科学研究）领域的关键问题之一。

在自然科学基金委（创新研究群体项目 62021002、优秀青年科学基金项目 62022050）资助下，清华大学王建民教授、龙明盛副教授团队与国家气象中心（中央气象台）、国家气象信息中心就人工智能技术在气象大数据领域的应用开展战略合作。团队提出的极端降水临近预报大模型 NowcastNet 以物理过程中质量守恒定律的端到端神经演变算子为核心，将数据驱动与物理驱动两大科学范式紧密结合，在国际上首次实现了极端降水临近预报的 1 km 尺度和 3 h 提前量。在来自我国 23 个省（市）气象台的 62 位一线气象预报专家的过程检验中，该大模型在 71% 的极端天气过程中被认为具有最高的预报价值，领先欧洲等地的气象局和谷歌、DeepMind 等公司的同类方法。以中国、美国的典型极端天气过程为例（图 3-1-40）：2011 年 5 月 14 日 23 时 40 分，中国江淮地区出现强降水过程，湖北、安徽等多个地区发布了暴雨红色预警，NowcastNet 可以准确预测出三个强降水超级单体的变化过程；2021 年 12 月 11 日 9 时 30 分，美国中部地区突发龙卷风灾害，造成 89 人死亡，676 人受伤，NowcastNet 可以对强降水的强度、落区和运动形态等给出清晰又准确的预报结果。

研究成果以“Skilful Nowcasting of Extreme Precipitation with NowcastNet”为题，于 2023 年 7 月 5 日发表在 *Nature* 上，并被 *Nature News & Views* 以“The Outlook for AI Weather Prediction”为题作了报道。目前，NowcastNet 已在中国气象局短临预报业务平台（SWAN 3.0）上线运行，全天候支撑我国强对流致灾天气的精准预警，为我国实体经济安全生产提供精准的气象决策支持。

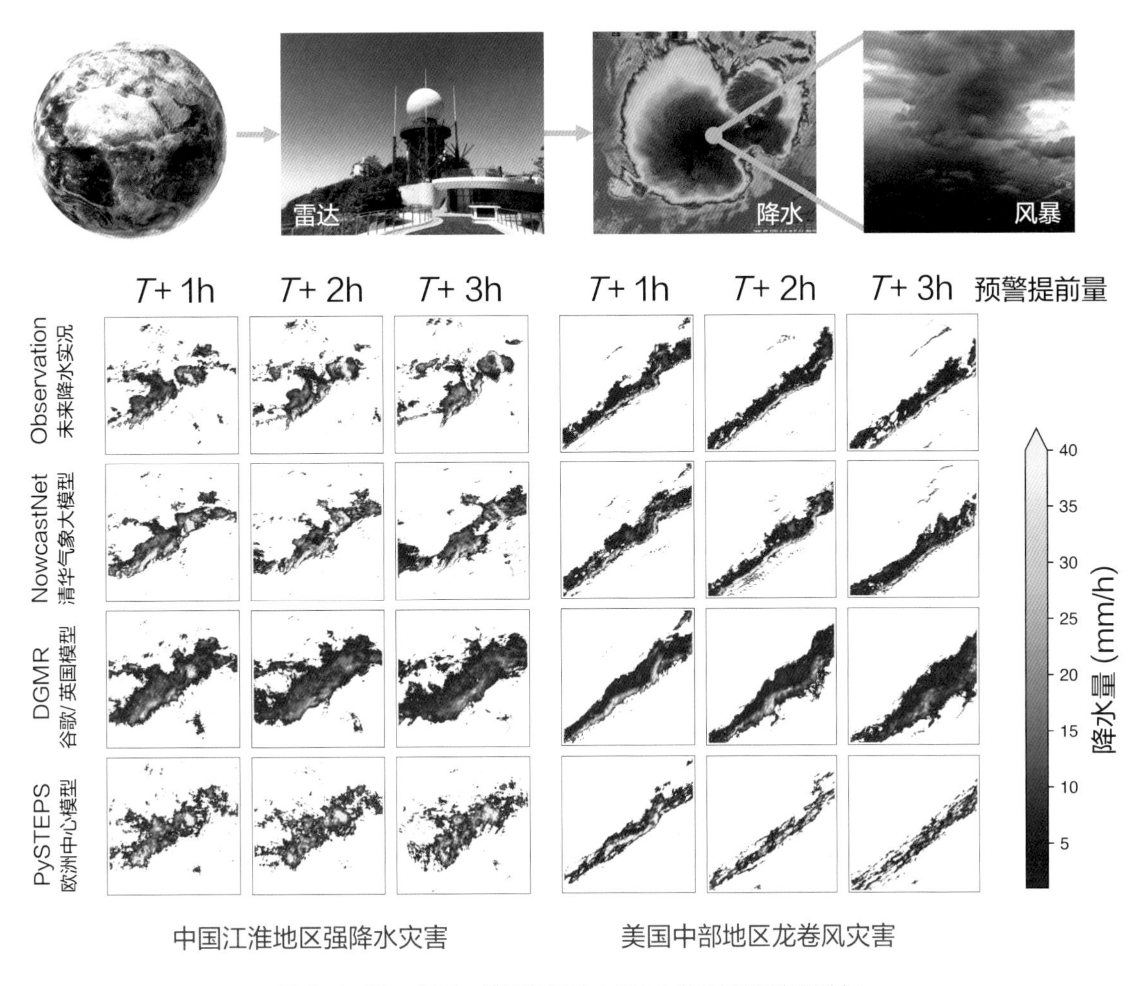

图 3-1-40 中国、美国极端降水天气过程的典型案例分析

人工神经网络解释方法研究及其在基因调控解析上的应用

对人工神经网络黑盒进行透明化解析，可以帮助人类理解模型从数据中学习到的知识，对促进人工智能理论发展和增进相关交叉领域的认知具有重要意义。在 DNA 序列的调控功能研究中，卷积神经网络等网络模型展现出了很好的预测效果，但神经网络解释方法的缺失严重制约了基因调控规律的解析与重构，亟须建立从神经元中归纳和提取基因调控序列的语法规则。

在自然科学基金委（原创探索计划项目 62250007、国家杰出青年科学基金项目 62225307、创新研究群体项目 61721003）的资助下，清华大学汪小我教授团队与美国斯坦福大学王永雄教授团队合作，以基因调控序列为研究对象，开展了人工神经网络的解释方法研究。团队发现，卷积神经网络解释困难的一个主要原因在于深层神经元大多是“多面神经元”，这种神经元能够同时被多种不同序列模式激活，其直接可视化结果往往令人难以理解。其中，最大池化结构是多面神经元产生的关键原因。为此，团队提出了 NeuronMotif 算法：使用蒙特卡罗采样和遗传算法得到能充分激活神经元的序列集合，并通过反向逐层聚类，将序列划分到不同的子集中，最终可视化每个子集以获得易于理解的序列模式特征。利用该方法，团队构建了基于结构化语法树的自动化知识提取方法，从数据中归纳转录因子结合位点序列模式、组合模式、间距、次序等调控序列语法规则（图 3-1-41）。其解释结果还可用于人工神经网络的诊断和改进，有助于解决神经网络调参困难等问题。

相关成果以“NeuronMotif: Deciphering Cis-Regulatory Codes by Layer-Wise Demixing of Deep Neural Networks”为题，于 2023 年 4 月 6 日发表在 *Proceedings of the National Academy of Sciences* 上。该方法可以利用神经网络从海量数据中获取可理解的知识，从而帮助人类更加深入地了解复杂生物过程的基因调控规律，并为基因治疗等应用中定制化逆向构造人工基因调控序列提供支撑。

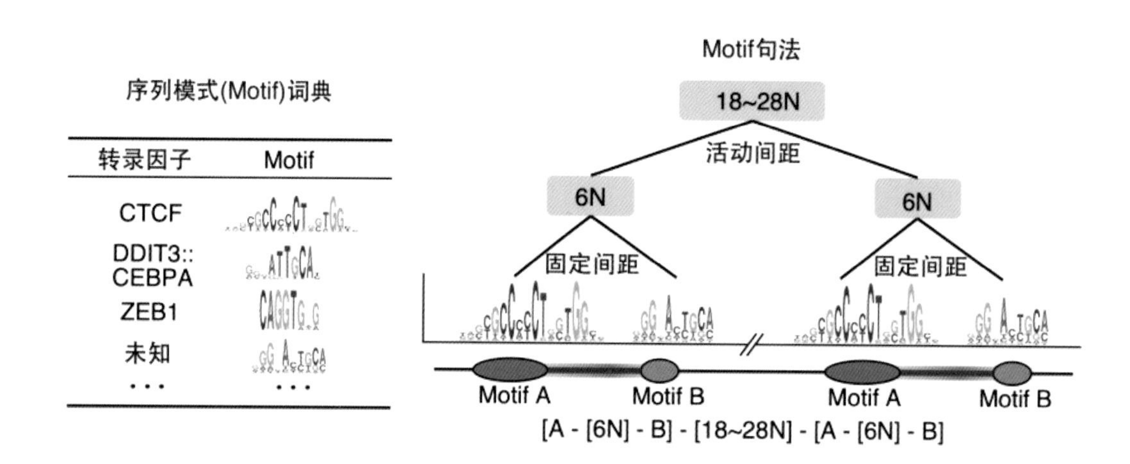

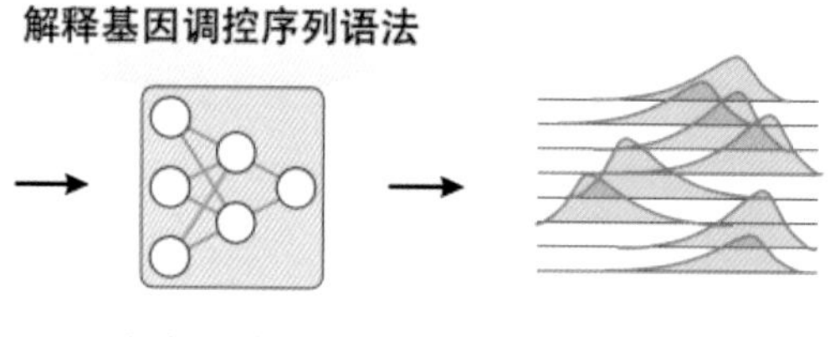

图 3-1-41　从深度卷积神经网络中提取基因调控序列的语法规则

软体连续体机器人的感知及环境交互研究

软体连续体机器人的建模、感知及控制是机器人领域面临的一项重要挑战。软体连续体具有高自由度 / 冗余度，其非线性偏微分方程模型求解难，数值近似求解的快速性和精度很难同时得到保证。软体连续体的环境感知则存在多模态传感电路与机器人本体杨氏模量（<1 GPa）匹配难、功能结构分布设计难等问题。自然界的柔性体生物为解决上述问题提供了灵感，如章鱼在抓捕猎物过程中，其细长的柔性臂采用一种“弯曲波传递”模式接近目标，并利用高灵敏度的触手 / 吸盘神经感知并快速捕获目标。模仿生物章鱼的这种独特捕食行为，可为软体连续体机器人的感知与环境交互提供参考。

在自然科学基金委（优秀青年科学基金项目 61822303、创新研究群体项目 T2121003、重大研究计划项目 92048302）的资助下，北京航空航天大学文力教授团队开展了仿生软体连续体机器人的“感知 – 运动 – 环境交互”研究。首先，团队通过观测生物章鱼捕食过程中细长臂的运动模式，构建了仿章鱼臂的“弯曲波传递”运动学建模新方法，并在自主研制的高自由度软体连续体机器人上得到验证，实现了运动学快速求解（模型求解时间为 3 ms），为连续体机器人的实时运动控制奠定了基础。为实现仿章鱼神经的柔性感知，团队提出了基于液态金属的柔性高延展电子皮肤刚度梯度及设计方法，解决了弹性基底与硅基芯片在大变形状态下易剥离的问题，并将柔性电路的轴向、周向拉伸率分别提高至 710% 和 270%。其次，团队实现了可感知多方向大变形的柔性电路，实现了集缠绕 / 吸附功能、触觉感知、自主决策于一体的仿章鱼臂末端（图 3-1-42）。机器人对自身变形感知误差 <1%，可感知

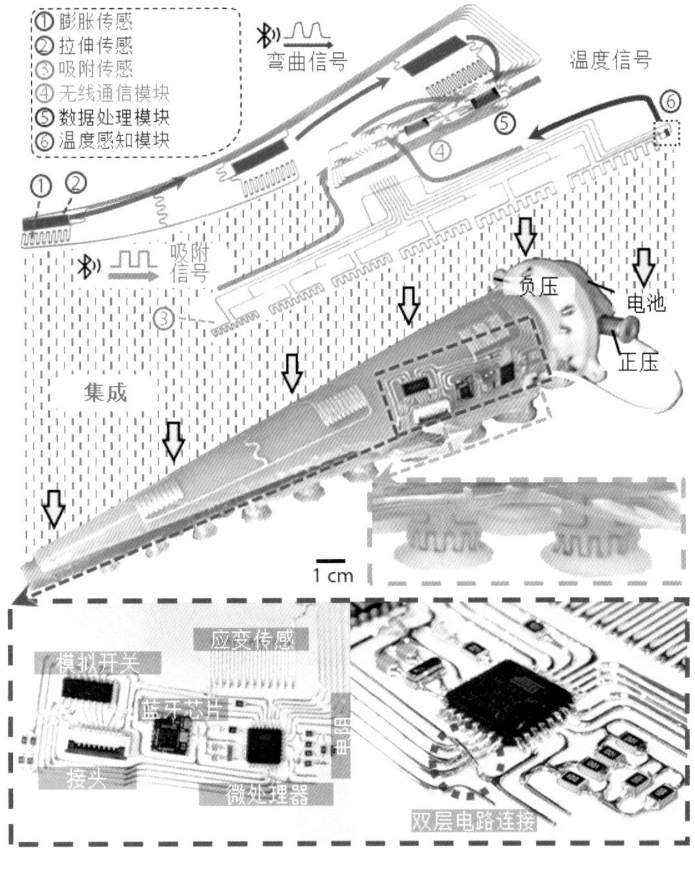

图 3-1-42　集缠绕 / 吸附功能、触觉感知、自主决策于一体的仿章鱼臂末端

环境温度、目标表面硬度等参数。最后，为实现“人在环路”的软体连续体机器人控制，团队建立了基于吸附触觉反馈的软体连续体交互方法，并开发了基于大拉伸电子电路的可穿戴柔性触觉装置。通过人手指在俯仰、转向、速度以及弯曲四个维度的运动，实现了人手指与高自由度软体连续体机械臂的交互控制，进而实现了软体连续体机器人在水下等复杂环境中对目标物的捕获（图 3-1-43）。

相关成果以“Octopus-Inspired Sensorized Soft Arm for Environmental Interaction”为题，于 2023 年 11 月 30 日发表在 *Science Robotics* 上。该研究揭示了生物“弯曲波传递”柔性抓捕新机制，突破了软体连续体 - 人 - 环境的感知及交互关键技术，有助于推动软体连续体机器人在我国重大需求装备上的应用。

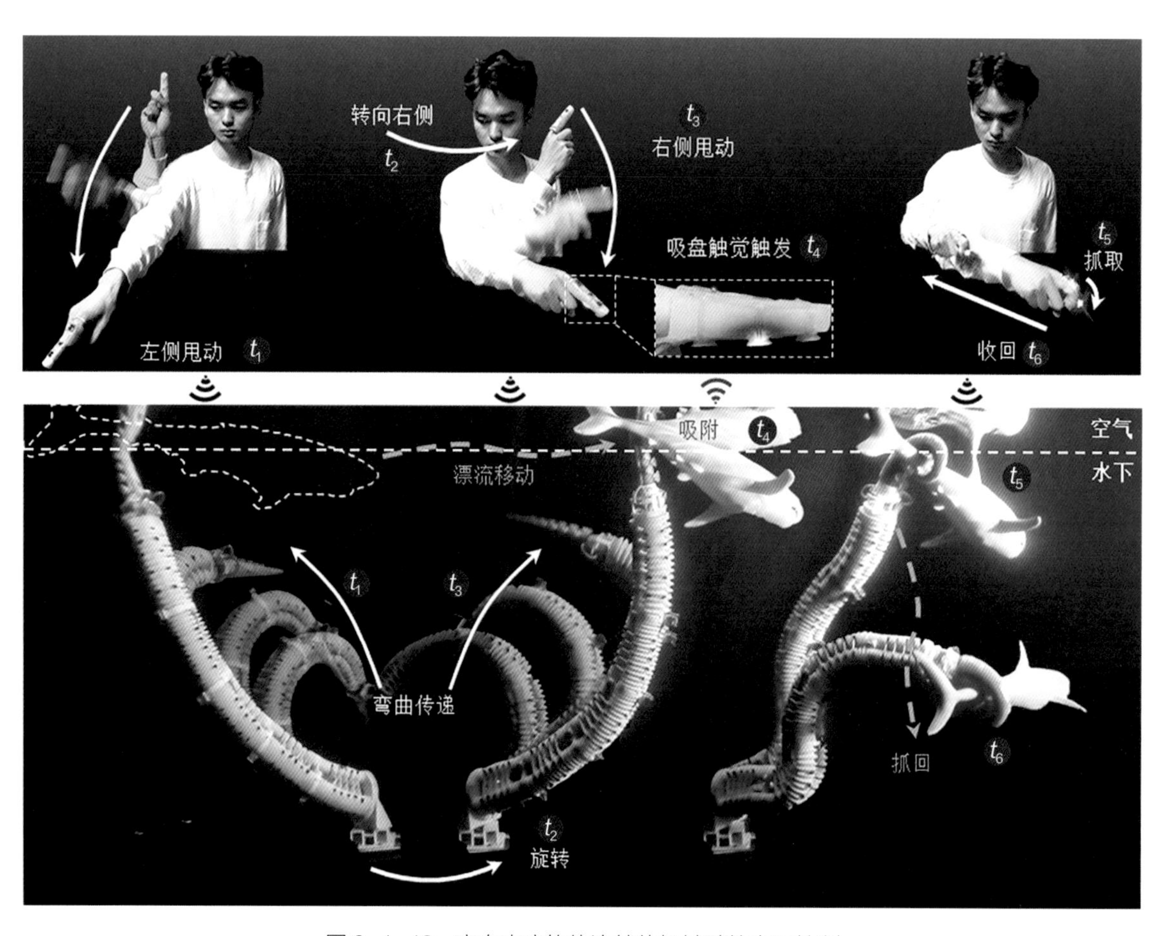

图 3-1-43　高自由度软体连续体机械臂的交互控制

拓扑手性光子源芯片研究

手性光子源可通过操控光子的自旋角动量实现对光量子态的调制，是量子科技、三维显示、生物成像等领域的战略性前沿技术。现有方法主要利用自旋极化材料本身的极化率来操控电子和光子的自旋角动量，往往需要外加磁场或低温环境，极化率低、稳定性差、易受电磁信号干扰。因此，突破自旋极化材料的稳定性瓶颈，进一步提高极化率，成为研发高性能手性光子源的关键难题。

图 3-1-44　研制的拓扑手性光子源芯片示意

在自然科学基金委（专项项目 61227009、优秀青年科学基金项目 62022068、面上项目 62274139）等资助下，厦门大学康俊勇教授、张荣教授、吴雅苹教授团队在拓扑自旋保护新原理的提出、强磁场辅助生长设备的研发、拓扑自旋结构的构筑和拓扑手性光子源芯片（T-LED）（图 3-1-44）的研制等方面取得了重要进展。主要创新成果如下。

（1）提出轨道调控的拓扑自旋保护新原理，预测了晶体生长中的强磁场可增强 d 轨道、s 轨道、p 轨道的耦合作用，并在此基础上自主设计、搭建了强磁场辅助分子束外延（HMF-MBE）设备，取得了高端装备的自主知识产权。

（2）利用 HMF-MBE 设备，突破了拓扑自旋结构的生长瓶颈。首次生长出大面积、长程有序的拓扑磁半子（Meron）晶格，实现了室温、无外磁场环境下的高度稳定性，开创了拓扑自旋结构实际应用的新路径。

（3）揭示了 Meron 晶格对传导电子的输运轨道及自旋极化的调控机制。进一步通过自旋极化电子在量子阱中的辐射跃迁选择，完成了从拓扑保护的准粒子到电子再到光子的手性传递，实现了高极化率、高电光转换率和高输出光功率的晶圆级拓扑光子源芯片（图 3-1-45）。

相关成果以 “Topology-Induced Chiral Photon Emission from a Large-Scale Meron Lattice” 为题，于 2023 年 7 月 13 日发表在 *Nature Electronics* 上。*Nature Electronics* 同期

发表专评，称该研究“实现了大面积 Meron 晶格在半导体中的应用”。该成果被 *Compound Semiconductor*、*Tech Xplore* 等专业媒体广泛报道。该成果开创了量子态操控和传输的新路径，实现了拓扑材料从理论到器件的新突破，开拓了光电子学与拓扑自旋电子学交叉融合的新领域，为促进未来量子信息等技术的发展作出了新贡献。

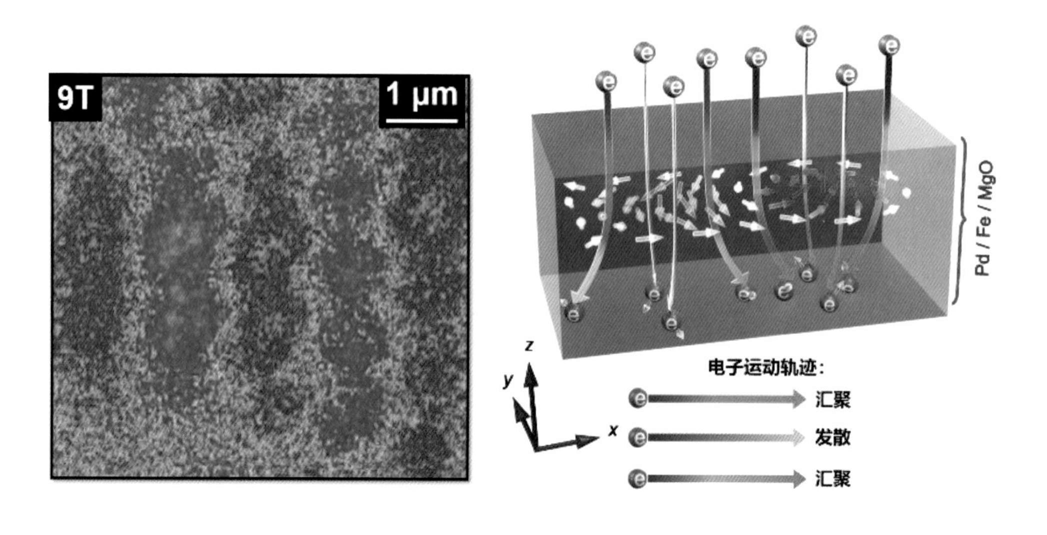

（a）利用磁力显微镜表征的 Meron 晶格　　（b）电子注入 Meron 晶格时输运轨道示意

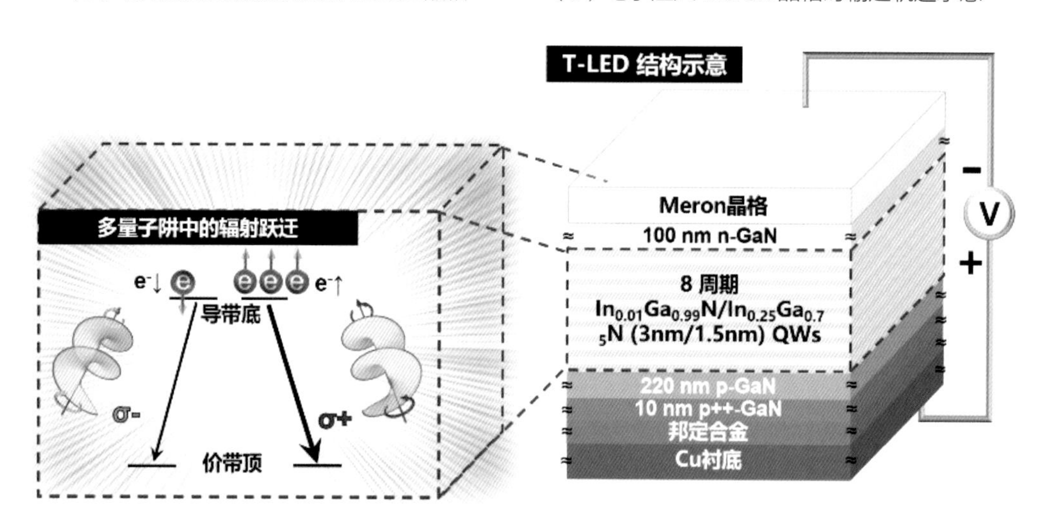

（c）拓扑手性光子源芯片结构及电子跃迁示意

图 3-1-45　拓扑自旋结构及拓扑手性光子源芯片

情境数据挖掘及其应用

情境数据挖掘是以个体意图认知和行为预测为目标的情境可感知人工智能技术之一，旨在揭示情境数据建模与利用的内在计算机制，对推动人工智能发展有着重要的学术引领意义。

在自然科学基金委（国家杰出青年科学基金项目 61325010，优秀青年科学基金项目 62022077、61922073）等资助下，中国科学技术大学陈恩红教授团队聚焦情境感知统计学习、情境数据建模利用、大规模高效预测开展三个方面的研究，揭示了情境数据的挖掘优化目标、模型设计、预测推理上的作用机制，构建了情境数据挖掘的基础理论和方法。首先，提出了情境感知的统计学习方法，从离散数据对抗生成网络中解析出情境数据挖掘的优化目标。其次，构建了从“个性化意图空间、群体共识空间”到“个体行为空间”的情境感知决策模型，增强了情境数据挖掘模型的表达能力。最后，揭示了历史行为情境满足低秩特性的规律，提出了端到端学习树索引的方法 RecForest（图 3-1-46），对齐了模型学习空间和索引构建空间，实现了情境感知模型预测效率和精度间的最优权衡（图 3-1-47）。

代表性成果以“面向推荐系统的数据挖掘基础理论与方法”为题，获得了 2023 年中国计算机学会（CCF）科技成果奖自然科学一等奖，受到了中国、美国、英国的院士等知名学者正面评价，并引发许多国际同行开展后续跟进和推广工作。陈恩红教授因对情境感知数据挖掘和推荐系统的贡献于 2023 年入选 IEEE Fellow。团队依托该项工作开源了推荐系统和向量检索系统，多次获得国际知识发现和数据挖掘竞赛（KDD Cup）等国际竞赛的冠军和亚军，取得了在广告投放、商品推荐、新闻推荐等场景的成功应用。

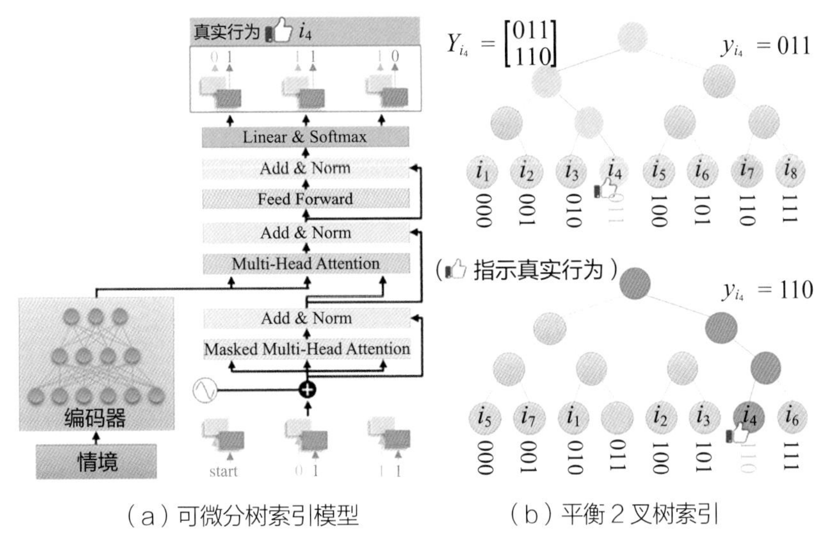

（a）可微分树索引模型　　　（b）平衡 2 叉树索引

图 3-1-46　从行为数据中学习树索引的框架 RecForest

阿里算法
我们算法
更准
更轻
更快
谷歌算法

方法	NDCG@20	NDCG@40	内存开销	时间	NDCG@20	NDCG@40	内存开销	时间
	Movie				**Amazon**			
DIN	**0.544 0**	0.547 3	-	193.87	**0.276 6**	**0.303 9**	-	492.64
YoutubeDNN	0.532 9	**0.548 4**	-	**29.38**	0.219 5	0.249 1	-	**120.91**
JTM	0.514 9	0.507 5	10.80	12.05	0.153 3	0.168 3	75.99	6.64
TDM	0.468 4	0.465 1	10.80	9.33	0.085 6	0.094 9	75.99	6.61
SCANN	0.466 5	0.469 5	3.64	18.64	0.152 9	0.178 0	14.66	4.48
IPNSW	0.533 0	0.548 6	10.08	15.52	0.225 5	0.254 8	66.46	10.28
RecForest	0.558 0	0.568 2	3.21	8.33	0.233 9	0.257 6	7.32	3.79
方法	**Gowalla**				**Tmall**			
DIN	**0.279 8**	**0.309 5**	-	186.41	**0.227 5**	**0.249 1**	-	4 057.69
YoutubeDNN	0.231 2	0.263 7	-	**53.55**	0.173 6	0.197 5	-	**1 086.75**
JTM	0.259 5	0.248 4	77.56	2.64	0.074 9	0.084 9	151.19	30.11
TDM	0.172 3	0.177 5	77.56	2.55	0.025 7	0.027 2	151.19	29.42
SCANN	0.183 9	0.208 3	15.48	1.86	0.110 5	0.122 6	28.10	20.88
IPNSW	0.246 4	0.280 5	70.39	4.73	0.169 6	0.190 2	132.72	52.90
RecForest	0.378 3	0.396 3	7.39	1.82	0.205 9	0.226 1	9.29	18.88
方法	**MIND**				**Yelp**			
DIN	**0.739 9**	**0.739 9**	-	62.98	**0.282 5**	**0.311 7**	-	170.25
YoutubeDNN	0.734 9	0.733 6	-	**52.14**	0.251 8	0.285 0	-	**48.51**
JTM	0.595 6	0.550 5	6.62	5.48	0.101 4	0.130 0	39.47	4.21
TDM	0.561 5	0.519 8	6.62	5.51	0.154 7	0.151 5	39.47	4.34
SCANN	0.598 7	0.571 3	3.20	19.51	0.172 9	0.201 2	8.44	3.58
IPNSW	0.734 6	0.733 1	6.95	8.99	0.256 2	0.290 6	34.74	8.92
RecForest	0.758 3	0.757 9	3.18	4.61	0.276 6	0.303 1	6.81	3.57

图 3-1-47　与谷歌、阿里这些当前最好算法在效率、精度和内存上的对比，所提出的情境数据挖掘算法更准、更轻、更快

公私双轨制公共服务系统的运营优化与协调研究

由于国家财政预算限制，各国的教育、医疗、交通等公共服务均存在服务能力不足的问题，引入民营资本是提高公共服务能力的有效方法之一。然而，民营资本的进入会导致公私双轨制公共服务系统出现，从而出现公私立竞争市场（也称混合式双寡头竞争）。在管理实践中可以观察到：公私立竞争市场中会出现公立机构服务过载而民营机构服务欠载的现象，使公私双轨制公共服务系统效率变低，给公共服务运营管理带来了挑战。

在自然科学基金委（国家杰出青年科学基金项目 71925002、重点项目 71731006）等资助下，华南理工大学周文慧教授团队从竞争的视角出发，对公私双轨制公共服务系统的运营优化与协调开展研究，取得如下创新成果。

（1）在公私立竞争市场中，公立机构的最优定价策略仍然是外部性成本定价策略，这会导致系统服务出现过载现象。这一结论打破了公立机构外部性成本定价可以避免系统出现服务过载的经典理论。

（2）公立机构以系统社会福利最大化为目标。然而，将纯民营机构竞争市场中的一家民营机构转变为公立机构从而转变成公私立竞争市场，这一策略可能导致整体社会福利的下降。该结论与直觉相违背，我们把这一现象称为公私立竞争悖论。

（3）公私立竞争悖论出现的原因是公私立竞争加剧了系统服务流量的结构性失衡。该研究成果进一步揭示了公私立竞争悖论出现的条件：只有当公立机构竞争力较弱时才可能出现。

（4）将公立机构进行股份制公私合营模式（public private partnership，PPP）改制，可以缓解系统服务流量的结构性失衡问题，从而避免公私立竞争悖论的出现，提升系统整体社会福利。这为政府进行公私双轨制公共服务系统模式改制提供了理论依据和科学机制。

上述研究成果以“On the Benefit of Privatization in a Mixed Duopoly Service System”为题，于 2023 年 3 月发表在 *Management Science* 上。不同于补贴、服务能力扩容等依赖资金的手段，该研究提出通过股份制改革来实现公私双轨制公共服务系统的协调，这有助于深入理解民营资本在公共服务系统中的作用，并为公立和民营服务机构的竞争与定价策略提供指导，为政府引入民营资本、管理公私双轨制公共服务系统提供理论依据。

考虑“停职”惩罚的最优动态契约设计研究

设计动态契约对员工进行激励是委托代理理论领域的经典问题。在零售产品销售、企业客户服务、创新产品研发等运营场景下，员工的努力水平是工作产出的重要影响因素。科学、有效的“奖罚”契约机制可以激励员工提升努力水平，提高工作产出，进而也会提升企业业绩和运营效率。然而，员工努力水平的不可观测性和工作产出发生的动态性、随机性等特征给最优契约机制设计带来了挑战。

在自然科学基金委（优秀青年科学基金项目 72122019、面上项目 71771202）等资助下，中国科学技术大学曹平教授团队基于经济学的委托代理模型，对员工工作产出服从速率依赖于努力水平的计数过程的企业运营场景下最优动态契约设计问题开展研究，取得如下创新成果。

（1）提出在动态契约中采用停职惩罚来对产出绩效不佳的员工进行激励。相较于终止契约机制，停职惩罚能更好地激励员工提升努力水平。

（2）将停职到重新工作的状态转换成本纳入分析，完整地刻画了考虑停职惩罚的最优动态契约结构。当转换成本非常大时，最优契约是不雇佣员工；当产出收益非常大时，最优契约是员工在每一个产出发生时获得一定的报酬；在其他情况下（图 3-1-48），最优契约呈现“控制带”结构，即员工承诺效用会按照确定性的轨迹连续变化，只有当一个产出发生或者工作状态转换时才会发生跳跃，并在承诺效用超出某个阈值时员工才会获得一定的报酬。该契约结构简单，更易获得员工与企业的理解和采纳。

（3）将考虑停职惩罚的最优动态契约问题转化为一个最优控制模型，并给出了求解这一类最优动态契约问题的科学方法。该方法还适用于带有转换成本的基于计数过程的最优控制模型的求解。

相关成果以“Punish Underperformance with Suspension: Optimal Dynamic Contracts in the Presence of Switching Cost”为题，于 2023 年 6 月在线发表在 *Management Science* 上。该成果面向员工工作产出服从速率依赖于努力水平的计数过程的企业运营场景，为最优动态契约机制的设计提供了理论支撑和切实可行的科学方案，有助于提高员工工作产出绩效和企业运营绩效。

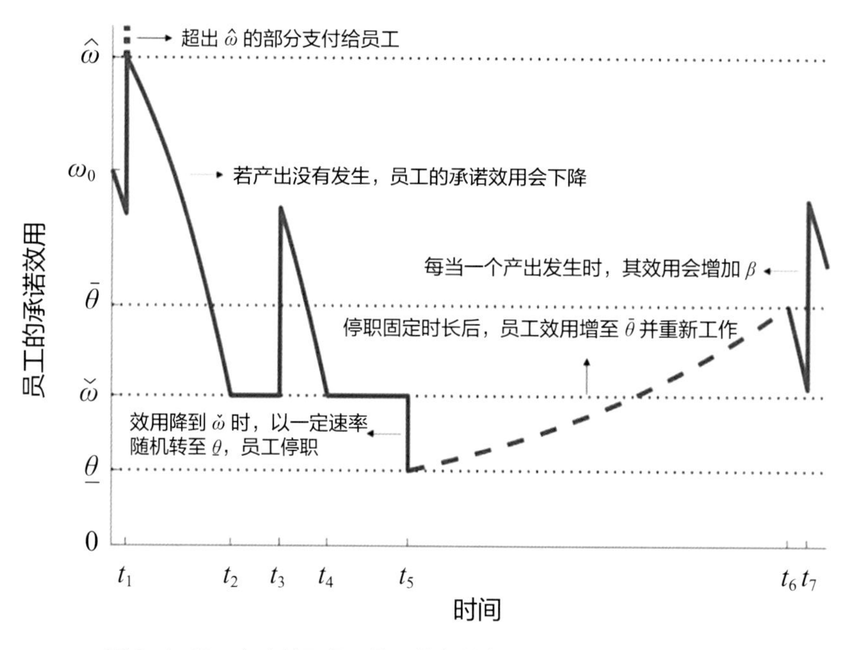

图 3-1-48　考虑停职惩罚的最优契约与员工承诺效用的样本轨迹

识别心理动态的智能推荐方法研究

在自然科学基金委（重大研究计划项目 9224600、青年科学基金项目 72302153）等资助下，清华大学卫强教授团队与上海外国语大学慕遥助理教授合作，在识别心理动态的智能推荐方法研究方面取得新进展。相关成果以“Dynamic Bayesian Network-Based Product Recommendation Considering Consumers’ Multistage Shopping Journeys：A Marketing Funnel Perspective”（考虑消费者多阶段购物过程的动态贝叶斯网络产品推荐：营销漏斗视角）为题，于 2023 年 10 月 3 日在线发表在 *Information Systems Research* 上。

在各大电子商务平台上，在线商家广泛应用智能推荐系统来呈现吸引消费者的产品，以期通过精准推荐来促进产品销售和提升消费者购物体验。尽管考虑兴趣随时间变化的动态推荐已被验证能够取得更好的效果，但现有方法仍然面临三方面挑战：①消费者行为天然多样化，从中提取具有普遍性的规律十分困难；②消费者的兴趣转换模式非常多变，需要足够灵活的建模方式才能准确刻画；③消费者内在的心理动态很难被显式识别，无法支持有针对性的营销决策。

该研究提出一种多阶段动态贝叶斯网络方法（图 3-1-49），从营销漏斗视角建模消费者购物过程中的心理阶段转移、兴趣分布转换和行为生成，进而在识别消费者隐式的心理动态基础上提供精准的个性化推荐。该方法在营销漏斗理论启发下，通过提取心理动态层面频繁、潜在的规律来克服消费者行为多样化的问题；创新性地协同建模两个隐层，以刻画消费者“心理阶段—兴趣分布—行为”的驱动关系及其动态演变，并灵活适应兴趣转换的多变性；设计嵌入了隐层识别策略，在优化模型学习效率的同时，显式探测消费者所处的心理阶段和兴趣。基于大规模真实数据集的实验结果表明，该方法在产品推荐准确性和排序效果上的表现均显著优于基线方法，能有效识别并区分消费者潜在的心理阶段和兴趣分布，在不同数据场景下具有良好的适用性和可扩展性。该研究成果能生成更精准且即时的产品推荐，也能提供关于消费者购物过程的有价值洞见，从而支持针对性营销等重要的现实管理决策。

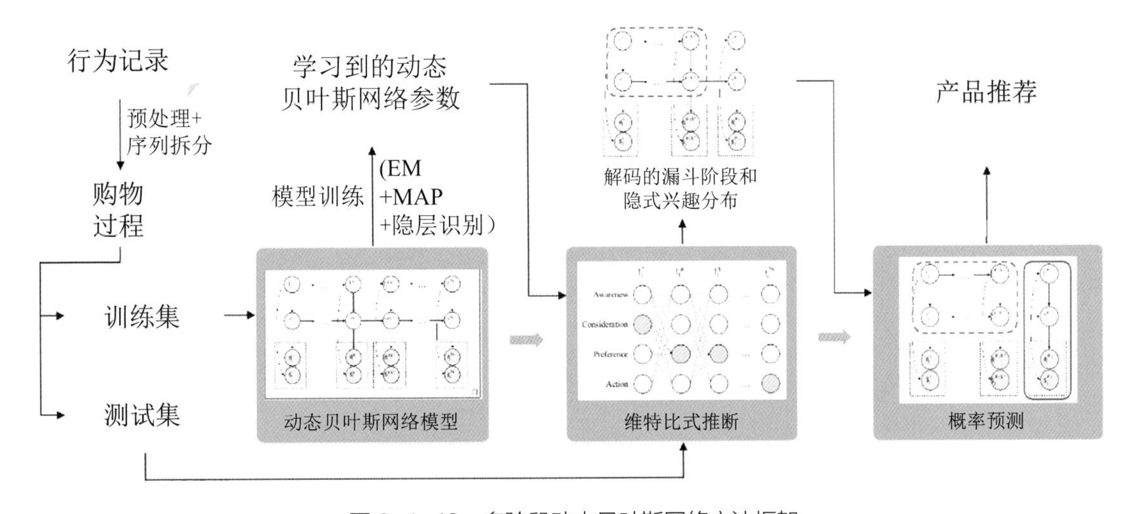

图 3-1-49　多阶段动态贝叶斯网络方法框架

社交网络连接无法观测时同群效应的研究

在自然科学基金委（面上项目 71973097、优秀青年科学基金项目 72222007）资助下，上海交通大学瞿茜教授与美国波士顿学院的亚瑟·鲁贝尔（Arthur Lewbel）教授、美国莱斯大学的唐勋（Xun Tang）教授合作，对社交网络在无法观测连接时，同群效应的识别和估计问题开展原创性研究，研究成果以“Social Network with Unobserved Links”为题，于 2023 年 4 月发表在 *Journal of Political Economy* 上。

传统的空间计量经济学模型研究社交网络中人与人互相影响带来的同群效应，已从地理空间进一步拓展到经济社会空间。然而，真实的社交网络往往难以准确观测，存在缺失、误报等各种错误，在最极端的情形下，社交网络有可能完全观测不到。在无法观测到具体的社交网络连接的情况下，如何估计和识别同群效应，是全球学者关注的前沿热点问题。

该研究基于内生、外生同群效应的社交网络模型，利用社交网络的分布特点，创造性地构建了简化式回归系数与联立方程组结构参数的连接方程，解决了社交网络结构方程的识别问题，形成了一套新的社交网络同群效应估计方法。该方法的主要创新之处：一方面，当传统的秩条件未满足时，可通过数据结构施加额外的排他约束，使得模型识别条件仍然得以满足；另一方面，在两阶段最小二乘、极大似然估计、广义矩估计等传统的估计方法失效时，该方法可用于同群效应的参数估计和假设检验。实证分析发现，研究提出的同群效应识别与估计方法，显著降低了对社交网络数据观测的要求，极大拓展了社交网络同群效应研究的应用场景。

不可分资源市场中的经济干预政策

在自然科学基金委（重点项目 72033004、面上项目 72073072）的资助下，南方科技大学孙宁教授团队、南京审计大学俞宁教授团队对不可分资源市场中的经济干预政策问题开展原创性研究，成果以“Job Matching with Subsidy and Taxation”为题，于 2023 年 2 月在线发表在 *Review of Economic Studies* 上。

对不可分资源市场的财政转移性干预政策的研究，不仅是市场机制设计领域的国际前沿问题，也是面向国家经济高质量发展的需求。要素资源在市场流通时通常不是无限可分的（如土地似乎无限可分，但流通时是以地块的形式，是离散的），已有的市场机制设计理论忽视了这一特征，因此有必要针对该情形下复杂多样的干预政策进行系统的理论建模和影响分析。

此类政策设计问题的核心是，如何保证市场均衡的存在性、稳定性以及拍卖类分配机制的帕累托有效。团队聚焦“不可分资源市场”，研究何种财政转移干预政策可以保证市场的良性运转。主要理论贡献如下。

（1）在“工作匹配”模型（内嵌商品市场模型）中，为纷繁复杂的政策选项提供了统一的建模方法。例如，复杂转移函数允许财政转移随着受雇职工集合和他们的工资一起变动。

（2）发现并证明一系列“保护替代性条件”的刻画性定理。例如，一个复杂转移函数总是保护替代性条件，当且仅当它是由一个“C- 可加可分转移函数”和一个“C- 基数凹性转移函数”相加得到。该定理同时解决了“离散凸分析”领域悬而未决的一个基础性问题，即哪两种离散函数相加能够保持或重建该领域核心的 M#-Concavity 性质。

（3）分析了如何用干预政策“重建”替代性条件。在实践中，团队为政策制定者提供了市场规则设计的决策参考。研究发现，当“互补性”会带来严重后果时，应当抛弃不能保护“替代性条件”的政策；当政策不可改变时，应当加强预警和帮扶。

中国全民健康覆盖的系统性评估与优化路径研究

全民健康覆盖（universal health coverage，UHC），旨在通过优化医疗资源配置，提升以人为本的高质量综合卫生服务，是建设“健康中国”的重要战略目标，也是实现全球可持续发展的关键。然而，一直缺乏对中国 UHC 基本情况的系统性评价。在自然科学基金委（优秀青年科学基金项目 72122007）资助下，华中科技大学周迎教授团队系统性地评估了中国 UHC 情况，揭示了宏观经济和卫生资源特征与 UHC 间的机制，为优化医疗资源配置和提升我国综合卫生服务能力提供决策支撑。相关成果以“Universal Health Coverage in China：A Serial National Cross-Sectional Study of Surveys from 2003 to 2018”为题，发表在 *The Lancet Public Health* 上。

团队基于近百万中国人口和 15 年横断面健康数据，首次提出了中国 UHC 服务能力的评估体系。团队通过大数据分析发现，中国 UHC 已经取得了历史性成就，但我国的疾病预防服务能力相较于治疗服务能力整体提升缓慢。

在中国建设发展的过程中，安全用水、卫生设施建设以及医疗设施可达性对提升 UHC 的预防服务能力至关重要。在过去的 15 年中，我国城市和农村地区的安全用水状况得到了明显改善，但在卫生设施建设和医疗设施可达性方面仍有巨大的进步空间。尽管我国的城镇化水平和综合医院建设都在迅速增长，但研究表明，城市地区的医疗设施可达性逐年下降，这与快速发展的城镇化进程不相应。

为提升我国 UHC，加大政府经济及医疗资源的建设与投入被认为是关键举措。然而，研究结果显示，当 UHC 大于 80% 时，人均国内生产总值（GDP）和人均政府卫生支出对 UHC 的增加呈现显著边际递减效应，单纯增加经济投入对实现 UHC 的作用有限（图 3-1-50）。因此，在资源有限条件下，探讨如何提升资源投放效率，对实现 UHC 特别是应对中国人口老龄化带来的慢病负担具有重要意义。为此，团队构建了包含中国全民健康指标及卫生资源分布的面板数据，首次揭示了中国宏观经济和卫生资源特征与 UHC 指标之间的影响机制。结果显示，除了医护人员及床位资源以外，医疗基础设施的建设对于提升 UHC 来说同样重要，而基层医疗机构与更多的 UHC 指标呈显著正相关。因此，优化资源配置，提升初级卫生保健，将医疗卫生资源投放到基层医疗服务能力建设被认为是帮助中国实现 UHC 目标的关键。

研究为我国公共卫生与健康服务政策的制定提供了坚实的理论基础。*The Lancet Public Health* 同期刊登了四川大学华西公共卫生学院潘杰院长的特邀评论，其高度评价了该研究对中国 UHC 进展的贡献，认为团队的主要结论在国家和区域层面上指导合理有效地分配与使用医疗卫生资源、制定相关的政策具有十分重要的意义。

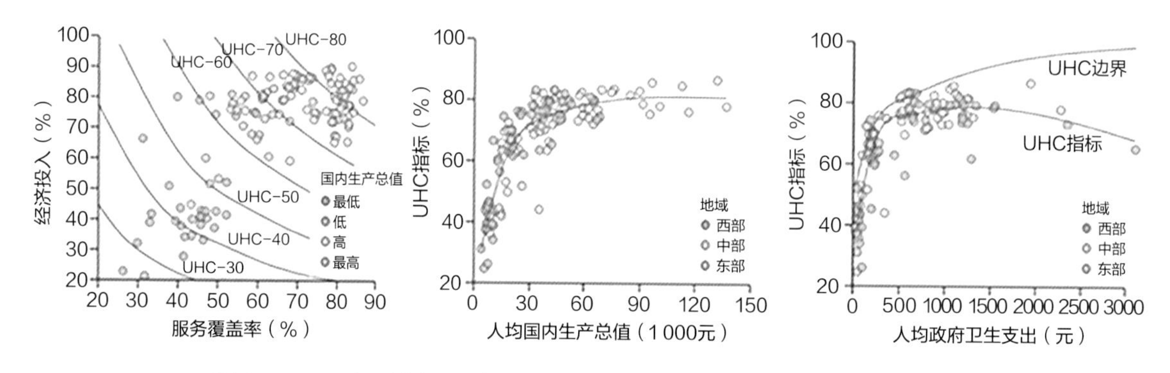

图 3-1-50　全面健康覆盖与人均国内生产总值和人均政府卫生支出的关系

扩张型心肌病发病机制及其代谢靶点研究

全球心肌病患者约有 250 万例，近 10 年增长了 27%。扩张型心肌病（dilated cardiomyopathy，DCM）是最常见的心肌病亚型，特征是心室增大和收缩功能受损，绝大多数患者将发展为终末期心力衰竭，目前仍缺乏有效的治疗药物。阐明其发病机制对研发干预扩张型心肌病的药物有重要意义。

在自然科学基金委（面上项目 81770391、31771613）等资助下，同济大学徐大春教授团队联合魏珂教授团队，在扩张型心肌病发生机制研究及其治疗靶点鉴定方面取得了进展。

团队发现 *Jmjd4* 在人类和小鼠心脏疾病中的表达明显上调；心肌特异性诱导敲除 *Jmjd4* 基因后，小鼠出现自发扩张型心肌病表型，并迅速进展为心力衰竭。对转录组进行测序和功能性研究发现，*Jmjd4* 基因缺失会导致线粒体代谢缺陷；对代谢组进行分析发现，*Jmjd4* 基因敲除心肌细胞糖酵解过程中丙酮酸上游底物积累，而下游产物浓度降低，提示丙酮酸代谢异常。随后，团队通过免疫共沉淀联合质谱技术鉴定了心肌细胞中与 JMJD4 相互作用的蛋白，发现 JMJD4 与生成丙酮酸的代谢酶丙酮酸激酶 M_2 型（PKM2）相互作用。团队通过使用与蛋白降解系统相关的一系列抑制剂和激动剂以及免疫共沉淀等实验，进一步确认了 JMJD4 通过分子伴侣 HSP70 介导的自噬途径（CMA）促进 PKM2 的降解。团队还通过质谱技术确定了 PKM2 的 JMJD4 羟基化修饰位点（K66），确定了 JMJD4 对 PKM2 的羟基化修饰对于其降解是必要的。团队使用 PKM2 变构激动剂 TEPP-46 解除了积累的低酶活 PKM2 对心肌细胞代谢的阻滞，成功挽救了 *Jmjd4* 基因条件性敲除小鼠的扩张型心肌病表型。该 PKM2 激动剂同样可以部分挽救压力负荷诱导的小鼠心力衰竭，表明 PKM2 很可能是心脏代谢干预治疗的普适性靶点（图 3-1-51）。

上述研究成果以“JMJD4 Facilitates PKM2 Degradation in Cardiomyocytes and is Protective Against Dilated Cardiomyopathy”为题，于 2023 年 4 月 17 日在线发表在 *Circulation* 上。该研究揭示了 JMJD4 可通过分子伴侣介导的自噬来调节 PKM2 的降解，在维持心肌细胞和心脏功能的代谢稳态中起着至关重要的作用，并且发现 PKM2 可以作为靶点治疗扩张型心肌病以及其他代谢功能障碍心脏病，还发现了扩张型心脏疾病的发病新机制，为其治疗提供了新的药物靶点。

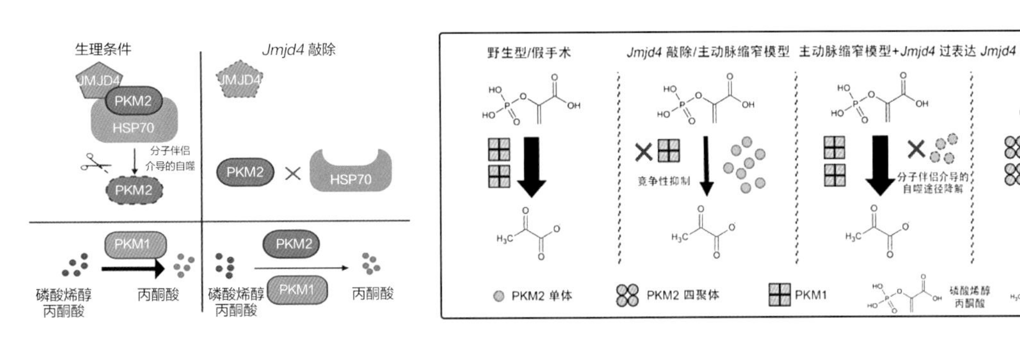

图 3-1-51　JMJD4 通过分子伴侣（HSP70）介导的自噬途径促进 PKM2 的降解；在 PKM2 积累的心肌病中，PKM2 激动剂 TEPP-46 可以恢复丙酮酸代谢和心肌细胞代谢稳态

沙利度胺对小肠血管发育不良出血疗效的研究

小肠血管发育不良（small intestinal angiodysplasia，SIA）所致的反复消化道出血一直以来都是临床棘手的难题。其组织学特征为黏膜和黏膜下层壁薄，缺乏平滑肌层，且伴有未成熟的异常血管生长及毛细血管的局灶性积聚与扩张。约 50% 的患者需反复住院 / 输血，部分患者甚至会因出血危及生命。病灶往往隐匿、多发，且易再生，给临床诊治带来了前所未有的困难与挑战，目前尚缺乏公认的有效、安全的治疗方法和药物干预措施。

在自然科学基金委（面上项目 81270474、81670505、82070573）等资助下，上海交通大学医学院附属仁济医院戈之铮教授、陈慧敏副主任医师团队牵头的临床研究取得了进展。团队确证沙利度胺可显著减少 SIA 所致的复发性小肠出血的出血次数，且停药后仍存在相对长期持续的有效作用。

团队前期研究显示，沙利度胺可能通过降低促血管生成因子（包括血管内皮生长因子、血管生成素 2、Notch1 和 Dll4 等）的表达促使血管生成减少，从而发挥其对血管发育不良出血的持久性改善作用。团队继而联合国内 10 家大型三甲医院开展了全球首个探究沙利度胺治疗 SIA 所致的反复消化道出血有效性的前瞻性、多中心、随机、双盲、安慰剂对照临床研究。研究纳入了 150 例年出血次数≥ 4 次的 SIA 患者，按 1 ： 1 ： 1 随机分配到 100 mg/d 沙利度胺组、50 mg/d 沙利度胺组和安慰剂组（图 3-1-52）。主要终点治疗有效定义为治疗四个月停药后继续随访一年内年平均出血次数较治疗前一年减少 50% 以上的患者。次要终点治疗有效定义包括患者治疗前后输血总量、因出血住院总次数、平均年出血住院次数、平均住院时间、平均出血次数、平均出血持续时间和平均血红蛋白水平等变化。结果显示，相较对照组（16.0%），治疗组持续止血的有效率分别为 68.6% 和 51.0%（ $p < 0.001$ ）。此外，患者输血总量、因出血住院总次数、平均年出血住院次数和平均住院时间在沙利度胺治疗组中均有显著降低，其他次要终点变化也均与主要终点方向一致。

研究成果以“Thalidomide for Recurrent Bleeding Due to Small-Intestinal Angiodysplasia”为题，于 2023 年 11 月 2 日发表在 *The New England Journal of Medicine* 上，该期刊同期发表了同行专家述评，美国耶鲁大学消化科主任洛伦·莱恩（Loren Laine）评价“提供了支持沙利度胺治疗小肠血管发育不良引起持续复发性出血的证据，其质量高于任何其他治疗该适应证的证据”。该研究聚焦当前临床治疗痛点，即充分注重停药后的相对长期持续有效作用，而非局限于服药期间的短暂疗效，避免了需长期服药而导致的不良反应增加及依从性下降的不利治疗局面，有望改变全球 SIA 出血的治疗现状。

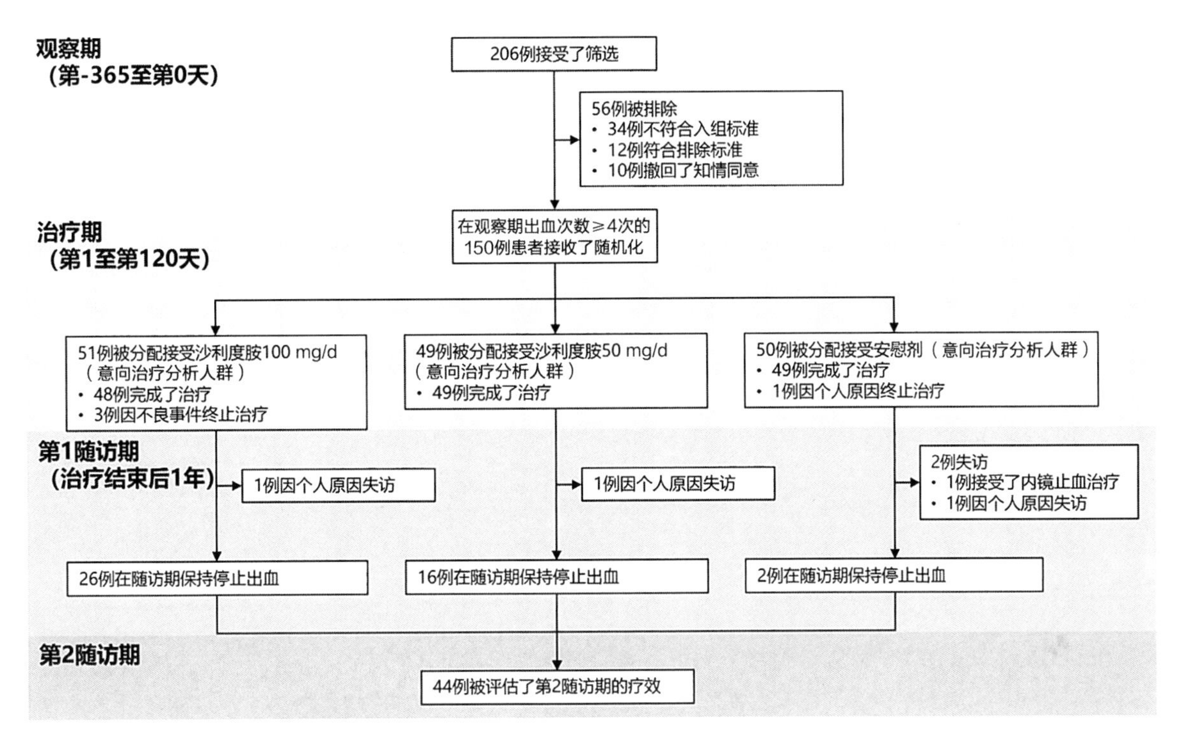

图 3-1-52　SIA 纳入和随访队列

腓骨肌萎缩症发病机制研究

腓骨肌萎缩症（charcot-marie-tooth，CMT）是一组临床上常见的周围神经遗传病。根据致病基因不同，CMT 可分为 100 多种亚型。不同 CMT 的致病蛋白在细胞中的定位和生理功能各异，而患者却出现了相似的临床症状，目前介导其“遗传异质性”的分子机制仍不清楚。

在自然科学基金委（专项项目 82150003、重大研究计划项目 91949104、面上项目 31871022）等资助下，浙江大学白戈教授团队联合中国科学院分子细胞科学卓越创新中心李劲松研究员团队在腓骨肌萎缩症的发病机制研究方面取得进展。

研究以导致 CMT2D 亚型的甘氨酰 tRNA 合成酶（GlyRS）突变蛋白为切入点，通过活细胞荧光成像、邻近标记、定量蛋白质谱、随机光学重建显微镜（STORM）超分辨成像等技术发现，当运动神经元面临不良环境刺激时，原本定位在细胞质中的 GlyRS 突变蛋白会进入新形成的应激颗粒（SG）中，并与 SG 核心蛋白 G3BP 发生异常互作。这种异常互作会显著干扰以 G3BP 为核心的 SG 蛋白网络，导致大量非 SG 组分异常滞留在 SG 中，从而扰乱细胞正常的应激反应，使运动神经元抵御外界不良环境刺激的能力明显下降，更易发生轴突蜕变。团队进一步发现，阻断这种异常互作能够消除 GlyRS 突变蛋白对 SG 的干扰，提高运动神经元抵抗不良环境刺激的能力，并能有效缓解 CMT2D 小鼠模型的疾病症状。此外，团队发现类似机制还存在于其他多种不同 CMT2 亚型发病过程中（图 3-1-53）。

该工作揭示了 SG 异常是导致 CMT 发病的共性机制，为针对多种亚型 CMT 广谱治疗药物的研发提供了重要的理论基础，也为其他疾病遗传异质性的机制研究提供了新思路。相关成果以“Diverse CMT2 Neuropathies are Linked to Aberrant G3BP Interactions in Stress Granules”为题，于 2023 年 2 月 3 日以封面文章在线发表在 *Cell* 上（图 3-1-54）。论文审稿人评价该论文的发现“重要而新颖，将改变这个领域的思维方式”。相关成果还被发表在 *Journal of the American Chemical Society*、*JCI Insight* 等期刊的多篇高影响力论文正面引用。

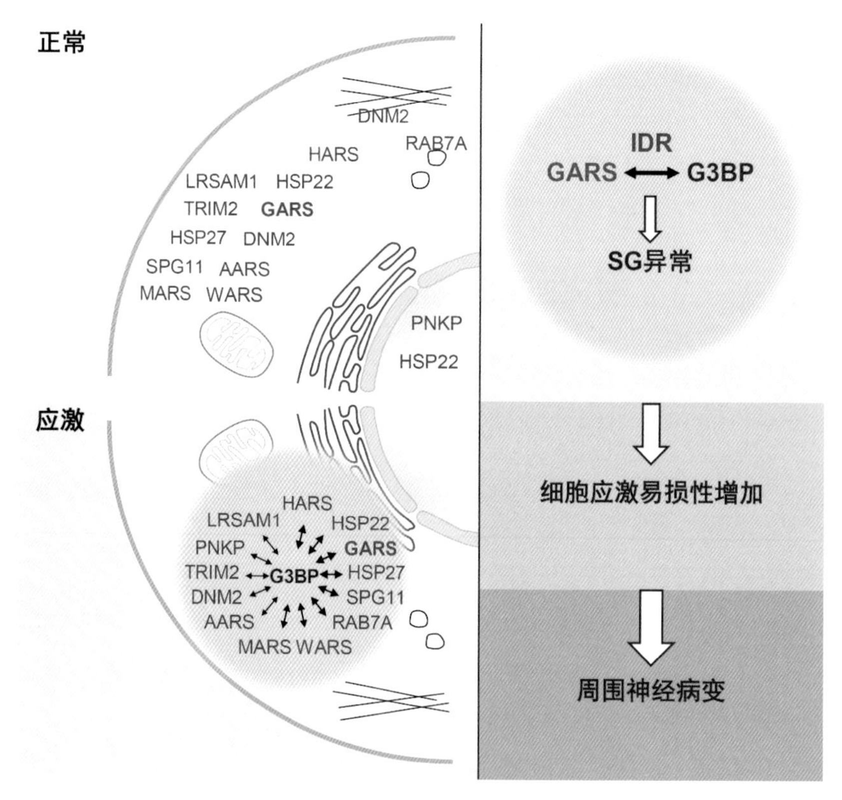

图 3-1-53 不同 CMT 蛋白的共性致病机制

图 3-1-54 团队设计的封面

当村寨（运动神经元）面临猛兽袭击时（环境应激），村民（各种蛋白、RNA 分子等）从四面八方赶来，唯村长（G3BP 蛋白）马首是瞻，迅速集结成队伍（SG）以应对危机。此时，有一黑衣人（CMT 致病蛋白）也混入人群，趁乱袭击了村长，破坏了村寨的防御体系，导致危机加剧。封面设计灵感来源于宋代名画《清明上河图》，装裱部分取材于“现代神经科学之父”圣地亚哥·拉蒙·卡哈尔所绘制的脊髓图谱中运动神经元所在区域。

γδ T 细胞免疫识别及创新佐剂机制研究

T 细胞在现代免疫治疗技术中扮演着至关重要的角色，可分为 αβ T 细胞和 γδ T 细胞两大类。目前，免疫治疗及疫苗接种策略主要侧重于利用 αβ T 细胞的功能。这些细胞通过其受体（αβ TCR）特异性识别肿瘤及病原体的多肽抗原。与之相对，γδ T 细胞受体（γδ TCR）并不识别多肽抗原，而是对肿瘤细胞及病原体产生的脂类代谢产物——膦抗原做出相应反应。然而，这些膦抗原如何激活 γδ TCR 的机制一直是免疫学领域长期未解之谜。目前，围绕 αβ T 细胞的 TCR 疗法依然面临诸多挑战，而疫苗和佐剂的研发也尚未充分利用 γδ T 细胞的应对机制。因此，深入了解 γδ T 细胞的免疫识别机制将为免疫治疗和疫苗研发拓展新的策略和应用。

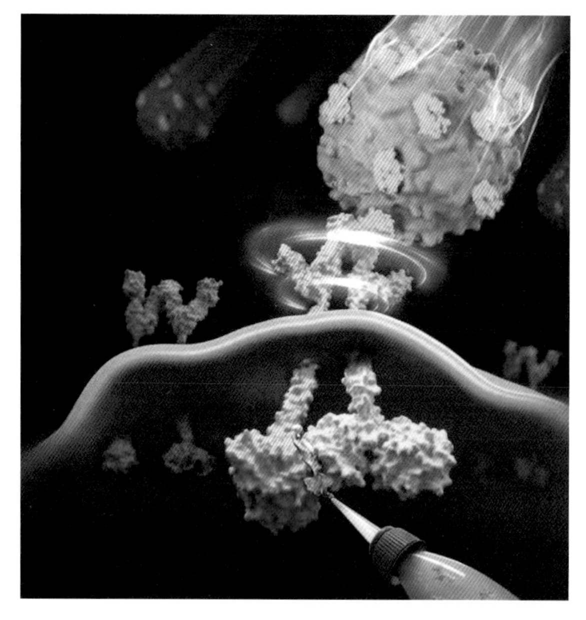

图 3-1-55　膦抗原作为“分子胶水”连接 BTN3A1 和 BTN2A1，活化 γδ T 细胞

在自然科学基金委（重大项目 81991492、面上项目 82271887）等资助下，清华大学张永辉教授团队和湖北大学郭瑞庭教授团队在 γδ T 细胞免疫识别及创新佐剂机制研究方面取得进展。

团队发现病原体（结核杆菌、疟原虫或真菌等）分泌的外源性膦抗原或肿瘤细胞代谢积累的内源性膦抗原充当了一种“分子胶水”，促进膦抗原递呈分子跨膜乳糜蛋白 BTN3A1 与 BTN2A1 在靶细胞（被感染细胞或肿瘤细胞）内部紧密结合，诱导细胞外的 BTN3A1 与 BTN2A1 蛋白表位暴露，进而与 γδ TCR 有效结合，从而激活 γδ T 细胞（图 3-1-55）。这一发现解释了 γδ T 细胞具有“超强”免疫监视能力的原因，即在 BTN3A1 与 BTN2A1 蛋白的协同作用下，即使是微量的膦抗原，也能被 γδ T 细胞高效“锁定”。团队进一步利用小分子探针、单细胞原子力显微镜等化学生物学和生物物理手段揭示了 BTN3A1- 膦抗原 -BTN2A1 的结合模式。

研究发现，跨膜乳糜蛋白采用这种罕见的“由内而外”的信号传导模式，帮助膦抗原激活了 γδ T 细胞。这与传统的 T 细胞抗原识别模式完全不同，为细胞治疗带来了全新思路。通过用药物分子替代膦抗原，可以实现“分子胶水”的作用，为开发基于 γδ TCR 的细胞疗法提供便捷的路径。同时，这项研究也为开发多重免疫应答的疫苗和佐剂提供了新策略。研究成果以“Phosphoantigens Glue Butyrophilin 3A1 and 2A1 to Activate Vγ9Vδ2 T Cells”为题，于 2023 年 9 月 6 日发表在 *Nature* 上。

早期肝癌影像诊断特异性纳米对比剂研究

肝癌包括原发性肝细胞癌、胆管细胞癌等，是常见的高致命性恶性肿瘤，具有发病隐匿、进展迅速等特征。与其他癌种不同，肝癌是仅依据影像即可做出临床诊断的恶性肿瘤，增强磁共振肝胆成像被认为是目前最灵敏的肝癌影像诊断手段之一。然而，目前临床应用的肝细胞特异性对比剂钆塞酸二钠（Gd-EOB-DTPA）的灵敏度低、特异性差，导致其难以定性检出直径小于 1 cm 的早期肝癌微小病灶，无法满足肝癌早期影像诊断的临床需求。

在自然科学基金委（专项项目 82150301）等资助下，西北大学樊海明教授团队针对上述难题，在前期医用磁性纳米材料研究基础上，设计了一种新型双靶点靶向的肝细胞特异性准顺磁超小锰铁氧体纳米对比剂（$MnFe_2O_4$-EOB-PEG）（图 3-1-56）。经研究发现，团队设计的 $MnFe_2O_4$-EOB-PEG T1 弛豫效能较临床常用的 Gd-EOB-DTPA 提高了 2 倍，有效提升了成像灵敏度。同时，该对比剂可通过 $MnFe_2O_4$ 纳米颗粒表面的锰离子和其表面修饰的乙氧苯（EOB）配体实现对肝细胞 SLC39A14 和 OATP1 的双靶点协同靶向作用，显著提升了特异性和亲和力，活体肝细胞特异性分布可高达 70.59%。大动物磁共振肝胆成像结果显示，$MnFe_2O_4$-EOB-PEG 的肝对比度较临床 Gd-EOB-DTPA 提高了 5.8 倍，可清晰分辨直径为 0.5 mm 的肝管；肝实质最佳显像时间从 15 min 提前到了 5 min，提高了影像检查效率。肝癌成像结果显示，$MnFe_2O_4$-EOB-PEG 对于微小肝癌病灶（直径 < 0.5 cm）的检出率可达 92%。此外，该对比剂在猴胆梗阻模型上能快速鉴别胆梗阻位置与梗阻程度，有望用于无创胆管成像。团队初步完成了临床前小动物和大动物安全性评价，结果均显示 $MnFe_2O_4$-EOB-PEG 具有良好的安全性，试剂可通过肝、肾被快速清除，7 d 残留率小于 1%，具有较好的临床转化潜力。

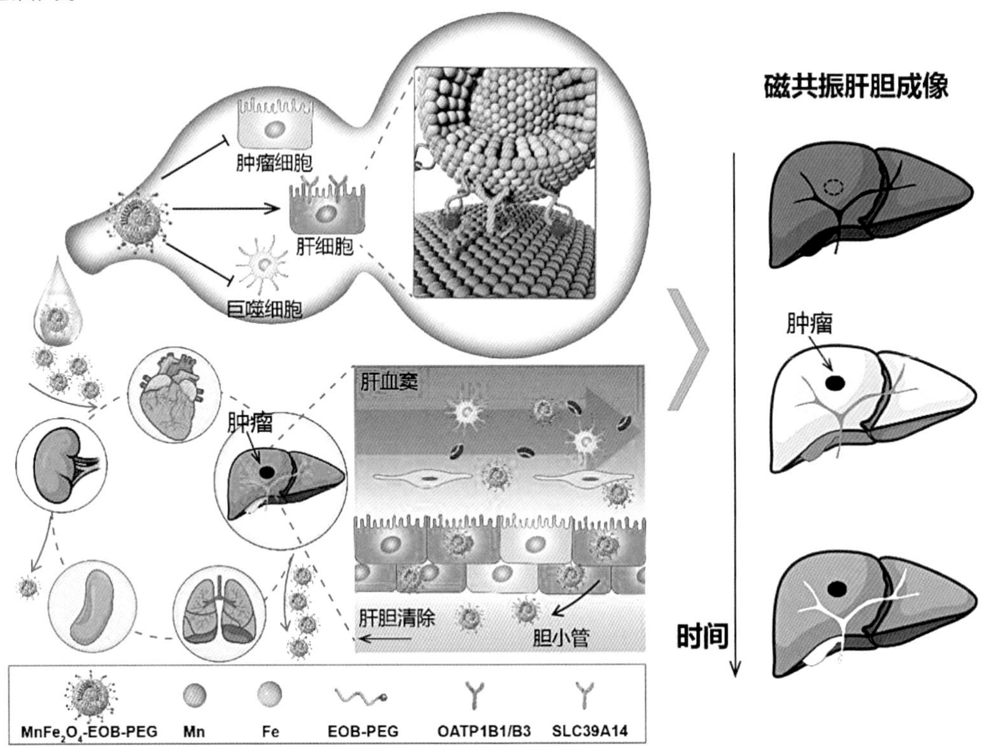

图 3-1-56　肝细胞特异性 $MnFe_2O_4$-EOB-PEG 纳米对比剂开发及磁共振肝胆成像

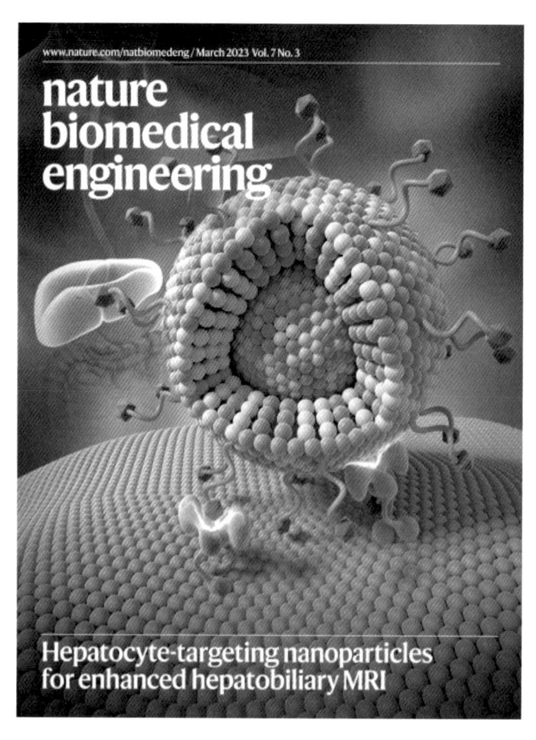

图 3-1-57 *Nature Biomedical Engineering* 当期封面

安全、高效的肝细胞特异性纳米对比剂 $MnFe_2O_4$-EOB-PEG 不仅为肝癌早期发现提供了新的影像诊断工具，还为高特异性影像对比剂的设计提供了新策略。相关成果以“A Hepatocyte-targeting Nanoparticle for Enhanced Hepatobiliary Magnetic Resonance Imaging”为题，于 2023 年 3 月以封面文章发表在 *Nature Biomedical Engineering* 上（图 3-1-57），主编佩普·帕米埃斯（Pep Pàmies）特别撰写编者按，指出“该对比剂极大增强了磁共振成像应用”。相关工作受到同行专家的正面评价“准顺磁纳米对比剂可作为高灵敏磁共振影像探针，用于体内无创检测临床重要生物靶点”。

治疗炎症性肠病的新型潜在药物靶点研究

炎症性肠病（inflammation bowel disease，IBD）是一种原因不明，以慢性、反复发作为特征的肠道炎性疾病，包括溃疡性结肠炎（ulcerative colitis，UC）和克罗恩病（Crohn disease，CD）。肠黏膜屏障功能受损是其发生及反复发作的重要因素。目前，IBD 治疗药物无论是氨基水杨酸类、糖皮质激素、免疫抑制剂，还是生物制剂等，虽能有效控制免疫炎症，但对肠黏膜损伤的修复作用非常有限，促进肠黏膜修复的药物非常缺乏。位于隐窝底部的富含亮氨酸重复序列 G 蛋白偶联受体 5（LGR5）阳性细胞群具有成体干细胞潜能，受利基（niche）信号的调控，可以自我更新并分化为成熟的吸收谱系和分泌谱系细胞，在维持黏膜屏障完整性中发挥关键作用。现有研究表明，IBD 患者和小鼠模型中的肠道干细胞（ISC）干性受损是炎症反复发作的重要原因。因此，发现能够恢复 ISC 干性的可干预药靶对治疗 IBD 至关重要。

在自然科学基金委（重点项目 82130108，面上项目 82174044、81773744）等资助下，复旦大学沈晓燕教授团队与陈道峰教授团队、上海交通大学医学院附属新华医院杜鹏主任医师团队及中国科学院上海药物研究所罗小民研究员团队合作发现了一种新型的 IBD 治疗靶点——分选连接蛋白 10（SNX10），且发现该蛋白在促进胆固醇合成、维持 ISC干性中具有重要作用。团队通过临床数据分析和动物实验研究确定 SNX10 在肠干细胞中的表达与人类 CD 和小鼠结肠炎的严重程度成正相关。在肠上皮细胞或 ISC 中特异性敲除 *SNX10* 基因可促进硫酸葡聚糖钠盐（DSS）和 2,4,6- 三硝基苯磺酸（TNBS）诱导的小鼠结肠炎模型的肠黏膜修复，从而恢复 ISC 的干性。对分选的上皮细胞进行基因集富集分析（GSEA）提示，这种干性恢复作用与胆固醇早期甲羟戊酸途径激活有关。基于类器官体外模型证实 *SNX10* 基因缺失可加速胆固醇生物合成，增强 ISC 对 Wnt 配体的敏感性，进而增强 ISC 的干性。荧光活细胞成像结合免疫沉淀实验发现 *SNX10* 基因缺失通过解离内质网脂筏相关蛋白 2- 胆固醇调节元件结合蛋白裂解激活蛋白（ERLIN2-SCAP）结合，增强胆固醇调节元件结合蛋白 2（SREBP2）从内质网到高尔基体的转运及后续剪切、活化。团队还利用前期发现的 SNX10 蛋白 - 蛋白相互作用（PPI）抑制剂 DC-SX029 对上述机制进行了验证，提示该化合物能增强 ISC 干性，促进肠黏膜屏障恢复，具有良好的抗 IBD 活性（图 3-1-58）。

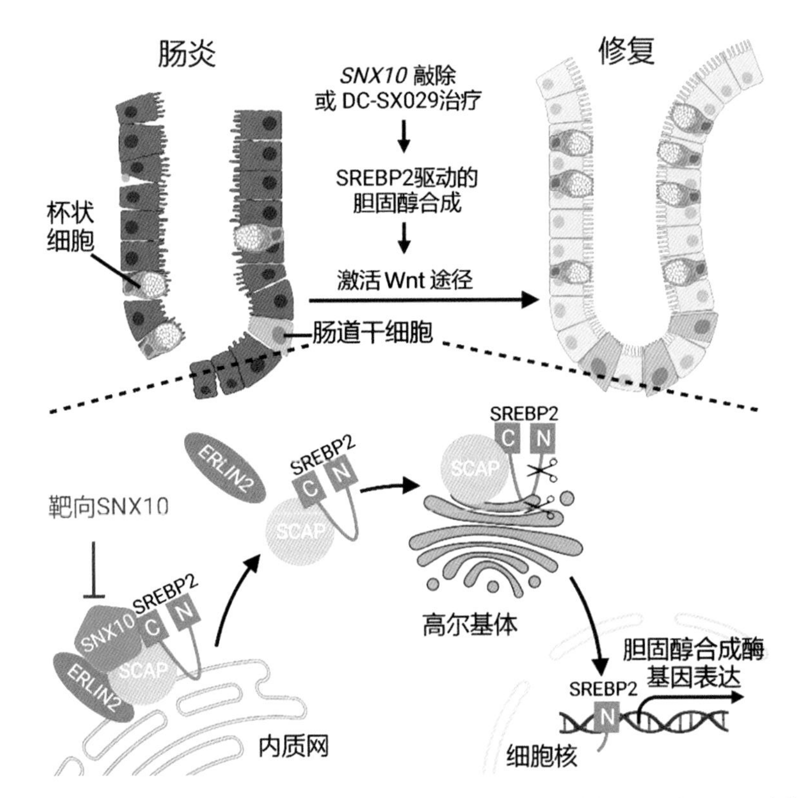

图 3-1-58　靶向 SNX10 通过 SREBP2 介导肠干细胞干性恢复，促进 IBD 肠黏膜愈合

该研究表明，靶向干预 SNX10 或受其调控的胆固醇代谢关键因子可能成为实现 IBD 黏膜愈合的新途径。研究成果以“Inhibiting Sorting Nexin 10 Promotes Mucosal Healing Through SREBP2-mediated stemness restoration of Intestinal Stem Cells”为题，于 2023 年 8 月 30 日发表在 *Science Advances* 上，并被首页推荐为“实现克罗恩病黏膜愈合的潜在治疗策略”（图 3-1-59）。

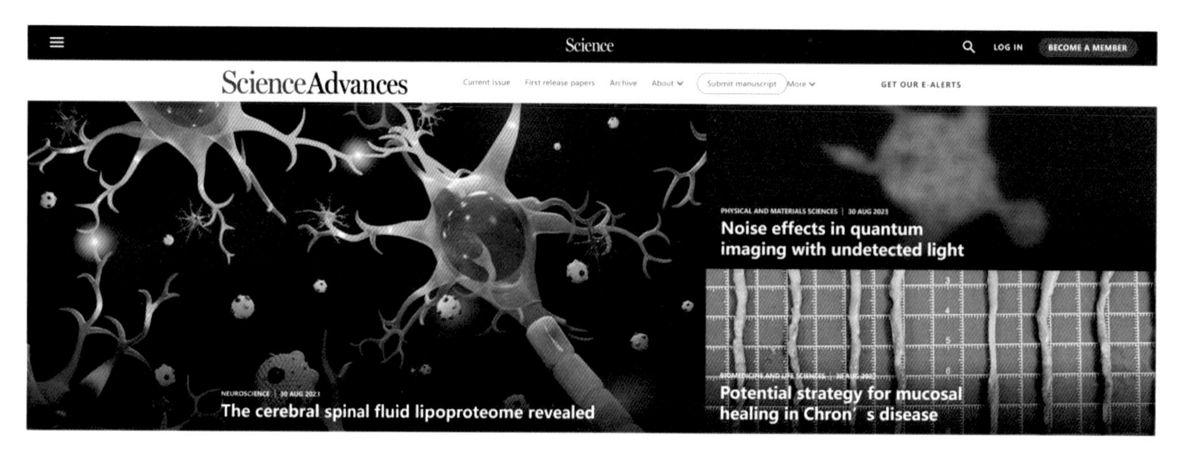

图 3-1-59 *Science Advances* 当期首页

基于 DNA 的可编程门阵列用于通用 DNA 计算

1994 年，图灵奖得主阿德尔曼（Adleman）提出利用 DNA 的碱基互补配对原则来发展生物计算。此后，基于 DNA 分子间相互作用的液相 DNA 分子计算，在高并行编码与执行算法方面展现出了巨大的潜能。

在自然科学基金委（基础科学中心项目 T2188102）等资助下，上海交通大学樊春海教授与王飞副教授近期发展了一种支持通用性数字计算的 DNA 可编程门阵列（DNA-based programmable gate array，DPGA），其可通过分子指令编程的方式实现通用数字 DNA 计算，实现了无衰减大规模液相分子电路的构建。相关成果以“DNA-Based Programmable Gate Arrays for General-Purpose DNA Computing”为题，于 2023 年 9 月 13 日发表在 *Nature* 上。

团队利用 DNA 分子反应网络，成功实现了细胞自动机、逻辑电路、决策机器、神经网络等多种功能（图 3-1-60）。然而，现有的 DNA 计算体系仅能针对特定功能进行硬件定制。在电子计算机领域，通用性集成电路（如 FPGA）可通过软件编程的方式执行各种运算功能，无需从头设计制造硬件，这为研发计算机器提供了高阶平台。因此，发展具有通用性的 DNA 运算元件及其编程与集成已成为 DNA 计算领域发展的关键。

针对这一挑战，团队证明了利用单链 DNA 作为统一传输信号（DNA-UTS），可实现类似电子在电路中传输的功能。团队进而开发了一种支持通用性数字计算的 DPGA 和支持器件层次的多 DPGA 集成方法，实现了器件内的可编程性和器件间的可集成性。当电路的复杂度超出单个 DPGA 可执行规模时，DPGA 可分解为多个子任务，并生成对应的分子指令；每一个子电路的分子指令通过逻辑地址调用并连接参与运算的 DNA 元件，以实现 DPGA 的编程。团队通过 DNA 折纸寄存器介导实现子电路之间的信号传输和多 DPGA 布线，最终实现了器件级的多 DPGA 集成。

团队利用 DPGA 的可编程性与高集成度，突破了 DNA 分子计算在电路规模和电路深度上的瓶颈，首次在实验上展示了高达 30 个逻辑元件、500 条 DNA 链、包含 30 层 DNA 链取代反应的电路，取得了 DNA 计算领域的新突破。

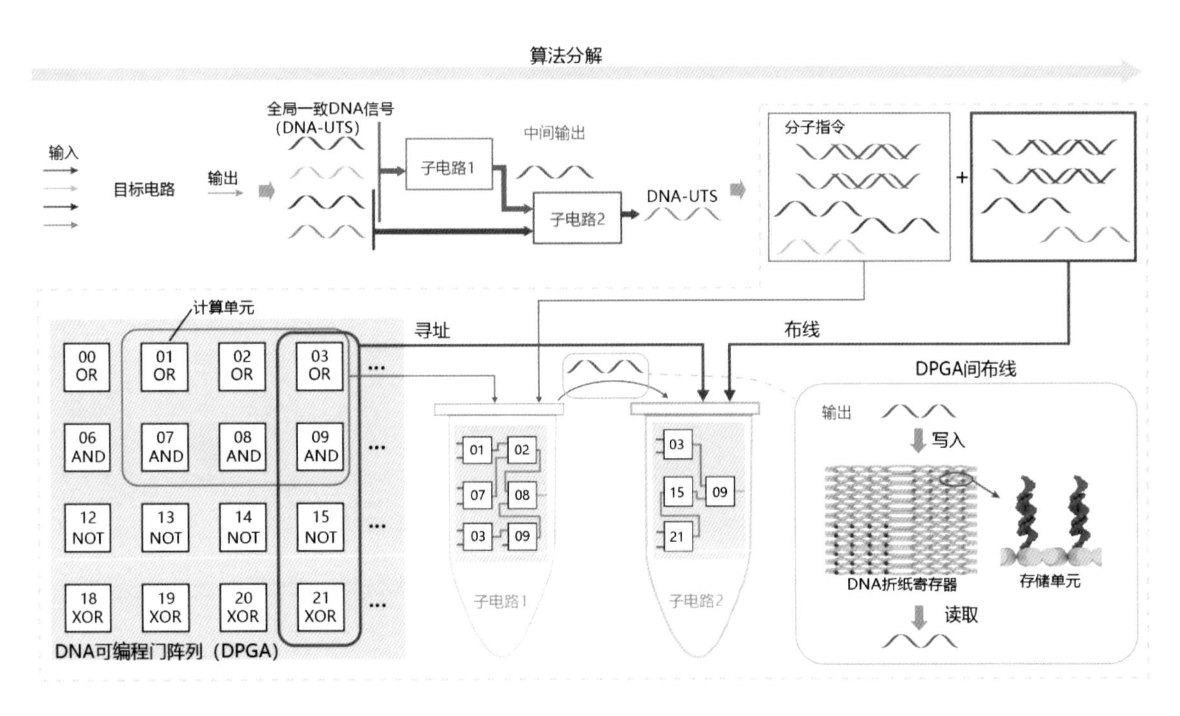

图 3-1-60　DNA 可编程门阵列用于通用性计算编程流程

千公里无中继光纤量子密钥分发研究

在自然科学基金委（国家杰出青年科学基金项目 T2125010）等资助下，中国科学技术大学张强教授团队与济南量子技术研究院、中国科学院上海微系统与信息技术研究所、清华大学等单位合作，实现了光纤中 1 002 km 点对点远距离量子密钥分发。这不仅创下了无中继光纤量子密钥分发距离的世界纪录，还提供了城际量子通信高速率主干链路的方案。相关成果以“Experimental Twin-Field Quantum Key Distribution over 1 000 km Fiber Distance”为题，于 2023 年 5 月 25 日发表在 *Physical Review Letters* 上。

量子密钥分发基于量子力学基本原理，可以在用户间进行安全的密钥分发，再结合“一次一密”的加密方式，进而实现最高安全性的保密通信。然而，量子密钥分发的距离一直受到通信光纤的固有损耗和探测器噪声等因素限制。双场量子密钥分发协议利用单光子干涉的特性，将成码率与距离的关系从一般量子密钥分发的线性关系提升至平方根的水平，因此可以获得远超一般量子密钥分发方案的成码距离。

团队采用“发送 - 不发送”双场量子密钥分发协议，在现实条件下有效提升了量子密钥分发实验系统的工作距离（图 3-1-61）。团队与相关公司合作，采用基于“纯二氧化硅纤芯”技术的超低损光纤，实现了低于 0.16 dB/km 的量子信道光纤链路。团队通过发展极低噪声超导

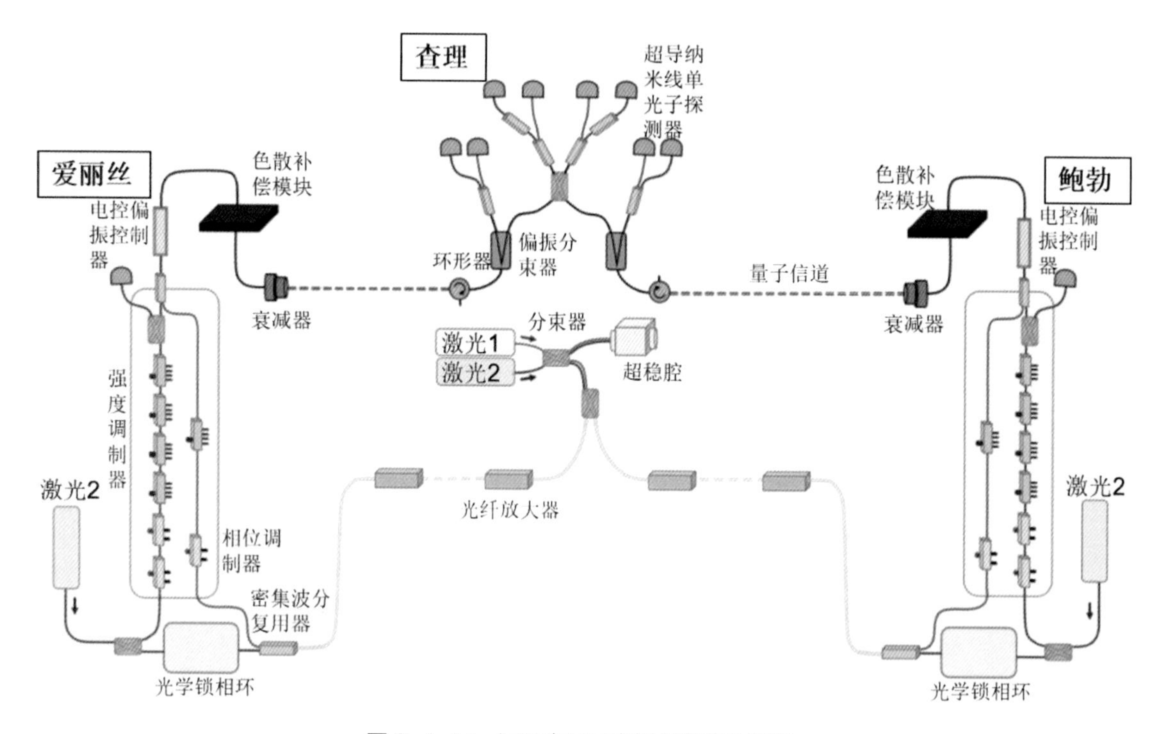

图 3-1-61　远距离量子密钥分发实验装置

单光子探测器，将单光子探测器的噪声降低至 0.02 个 /s；通过发展时分复用的双波长相位估计方案，避免了散射等噪声影响，将链路噪声降低至 0.01 Hz 以下。

团队基于上述技术，实现了距离长达 1 002 km 的双场量子密钥分发，获得了 0.0034 bit/s 的成码率。对系统参数进行优化后，团队在 202 km 光纤距离下获得了 47.06 kbit/s 的成码率，并且在 300 km 和 400 km 光纤距离下获得的成码率相较原始“测量器件无关”量子密钥分发提高了 6 个数量级。该工作不仅验证了极远距离下双场量子密钥分发方案的可行性，还验证了在城际光纤距离下，采用该协议可以实现高成码率的量子密钥分发，适合城际量子通信主干链路使用。

无液氦低温扫描探针显微镜研制

随着液氦资源日趋紧张，无液氦制冷技术不断发展，基于无液氦制冷的设备将逐步成为低温科研仪器的主流。然而，具有亚原子分辨能力的扫描探针显微镜（scanning probe microscope，SPM）系统对振动水平要求极为苛刻，在低温 SPM 领域实现无液氦闭循环制冷技术面临极大挑战。

在自然科学基金委（国家杰出青年科学基金项目 T2125014）等资助下，中国科学院物理研究所郇庆研究员团队提出了一种全新的远端液化无液氦闭循环制冷方案，并与合作者联合研制了基于此方案的 SPM 系统，实现了 3 K 以下温区的高分辨成像与谱学表征。团队颠覆了现有无液氦 SPM 近端安装制冷机的方式，将低频大幅振动的制冷机安装在远端独立制冷腔体，开创性地通过三级自平衡焊接波纹管消除了制冷机的振动，仅利用约 10 L 氦气就实现了 ~2.8 K 的基础温度和约 1 pm 的噪声水平，并可实现低温下连续工作数月，技术指标优于现有国外产品（图 3-1-62）。该系统在非接触原子力显微镜原子级分辨成像、扫描隧道谱以及非弹性电子隧道谱的性能方面达到了与国际上商业化湿式 SPM 系统相媲美的水平。该方法解决了现有无液氦 SPM 方案近端安装制冷机存在的不耐烘烤、磁场敏感、安装角度受限、橡胶波纹管透气结冰、难以升级等弊端，不仅能够便捷地将现有湿式 SPM 系统升级改造为无液氦 SPM 系统，还可以与强磁场、光学通路等其他物理环境良好兼容。相关成果以“Development of a Cryogen-Free Sub-3K Low-Temperature Scanning Probe Microscope by Remote Liquefaction Scheme”为题，于 2023 年 9 月 6 日发表在 *Review of Scientific Instruments* 上。

该设备的综合性能指标处于国际领先水平，具有接近 ±0.1 mK 的温度稳定性、约 1 pm 的振动水平、小于 10 pm/h 的温度漂移，实现了从低温（2.8 K）到室温宽温区连续变温成像，已经具备 TRL8 级技术就绪度。中科艾科米（北京）科技有限公司已转化生产多套基于该技术的 SPM 系统。该技术还有望应用于其他需求低温且对振动敏感的领域，如精密光谱测量、量子材料的微弱电学信息表征等，助力我国在凝聚态物理研究、材料科学、生物医学等领域取得更大突破。

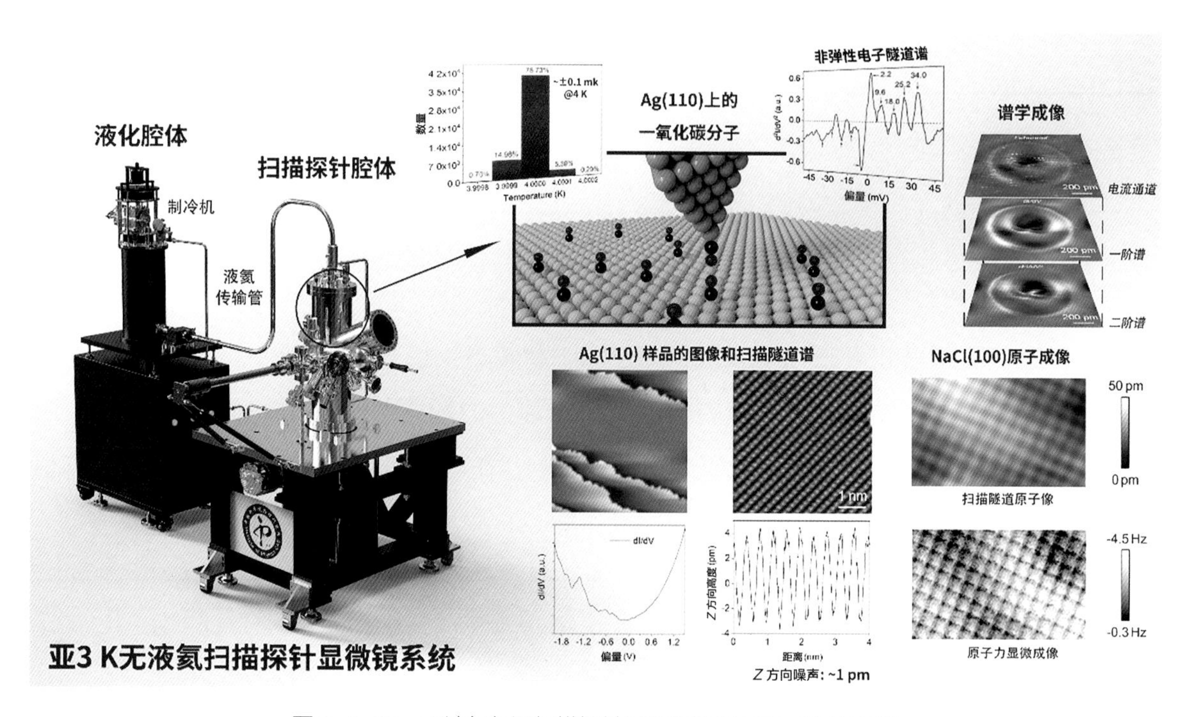

图 3-1-62　无液氦低温扫描探针显微镜设备外观与功能表征

重型车辆氨氢融合零碳动力系统基础研究

碳中和技术是汽车强国的重大需求。我国汽车每年排放二氧化碳约 9 亿吨，其中重型车占 50%，目前全球尚无解决方案。氨是零碳燃料和高效氢载体，但将其用于动力系统，存在燃料惰性、燃烧惰性和动力惰性三大关键难题。开展相关基础研究可为实现碳中和目标提供新的解决方案，独辟蹊径地开辟国际前沿科技方向。

在自然科学基金委（专项项目 T2241003）资助下，清华大学李骏教授团队联合北京航空航天大学、同济大学、武汉理工大学和佛山仙湖实验室展开重型车辆氨氢融合零碳动力系统基础研究。团队在基础科学问题和关键技术领域取得了多项突破，并在国际上首次成功实现重型商用车用氨氢融合燃料内燃机点火。

团队提出了强化传质传热氨裂解和电化学氢分离创新方法，有效解决了固有氨裂解体系和传统氢分离方法体积大、能耗高、效率低的难题，填补了受限空间高效氨氢融合燃料反应理论与基础材料的空白（图 3-1-63）。团队建立了液氨喷雾仿真模型，研究了喷射速度、湍流和空化效应因素对喷射特征的影响，提出了缸内直喷液氨燃烧室内氨制氢的新型燃烧方法，解决了氨在发动机中着火难、燃烧慢、大负荷爆震的问题，深入研究了氨氢燃料缸内燃烧污染物生成规律和机制，获得了不同条件下排气污染物的变化规律。

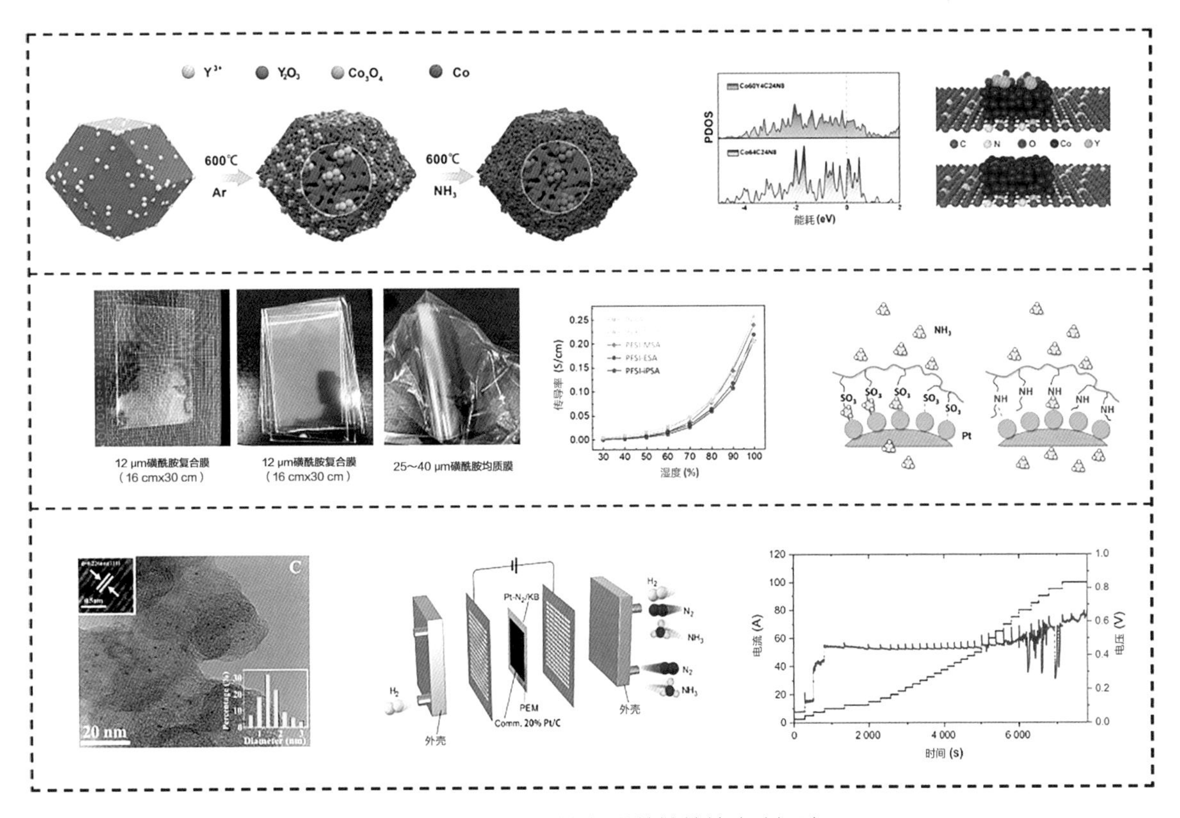

图 3-1-63　氨氢燃料改质关键材料与机制研究

团队和一汽解放汽车有限公司联合开发了国内首台氨氢融合直喷零碳重型商用车内燃机（图 3-1-64），并于 2023 年 6 月 28 日成功点火运行。该机采用了液氨缸内直喷、主动预燃室氢氨混合气引燃技术，发动机排量为 13 L，功率为 400 kW，能完全满足重型商用车对高动力的需求。这标志着团队在液氨内燃机设计、研制，燃烧系统构建，电控及氨氢燃料供给系统关键部件研制等方面迈出了重要一步。该技术的突破为重型车实现“双碳”目标找到了新的技术路径，对国家氨氢融合新能源科技创新起到了重要的引领和推动作用。

图 3-1-64　氨氢融合直喷零碳内燃机系统

荧光增强技术实现目前通量最高的超分辨成像

在自然科学基金委（优秀青年科学基金项目 T2222009、国家重大科研仪器研制项目 32227802）等资助下，哈尔滨工业大学李浩宇教授、赵唯淞助理教授团队与北京大学陈良怡教授团队合作，通过超分辨光学波动成像结合预解卷积数据处理，实现了生理条件下的高质量超分辨成像。相关成果以“Enhanced Detection of Fluorescence Fluctuations for High-Throughput Super-Resolution Imaging”为题，于 2023 年 9 月 1 日作为封面文章发表在 *Nature Photonics* 上。

超分辨光学波动成像技术可超过衍射极限的分辨率观察细胞精细结构，但是对于特殊光化学环境或复杂光学主动控制系统的依赖，阻碍了该技术在生物医学领域的广泛应用。团队通过预解卷积技术处理图像，提升了荧光涨落现象的开关对比度，将重建所需的原始图像数量缩减了至少两个数量级（从 1 000 帧降低到 20 帧），实现了超过 2 倍的三维空间分辨率提升，且只需 10 min 就可完成对毫米级视场内微管的高通量超分辨成像（图 3-1-65）。为了满足长时程的活细胞成像需求，实现快速且复杂的细胞器动态过程可视化，团队在计算自相关累积量后，再次利用稀疏解卷积技术提高了成像技术的通量和稳定性。团队在超过 10 min 的时间内对活细胞线粒体进行了快速动态四维成像，整个细胞中线粒体的分裂和融合过程都被清晰地记录下来，实现了高通量成像和瞬态细胞动力学可视化（图 3-1-66），在无需额外硬件的条件下实现了目前通量最高的超分辨成像和活细胞四维成像。

该研究在 *Nature Photonics* 上同期配发了论文评论，称该高通量超分辨成像技术“极有价值”。

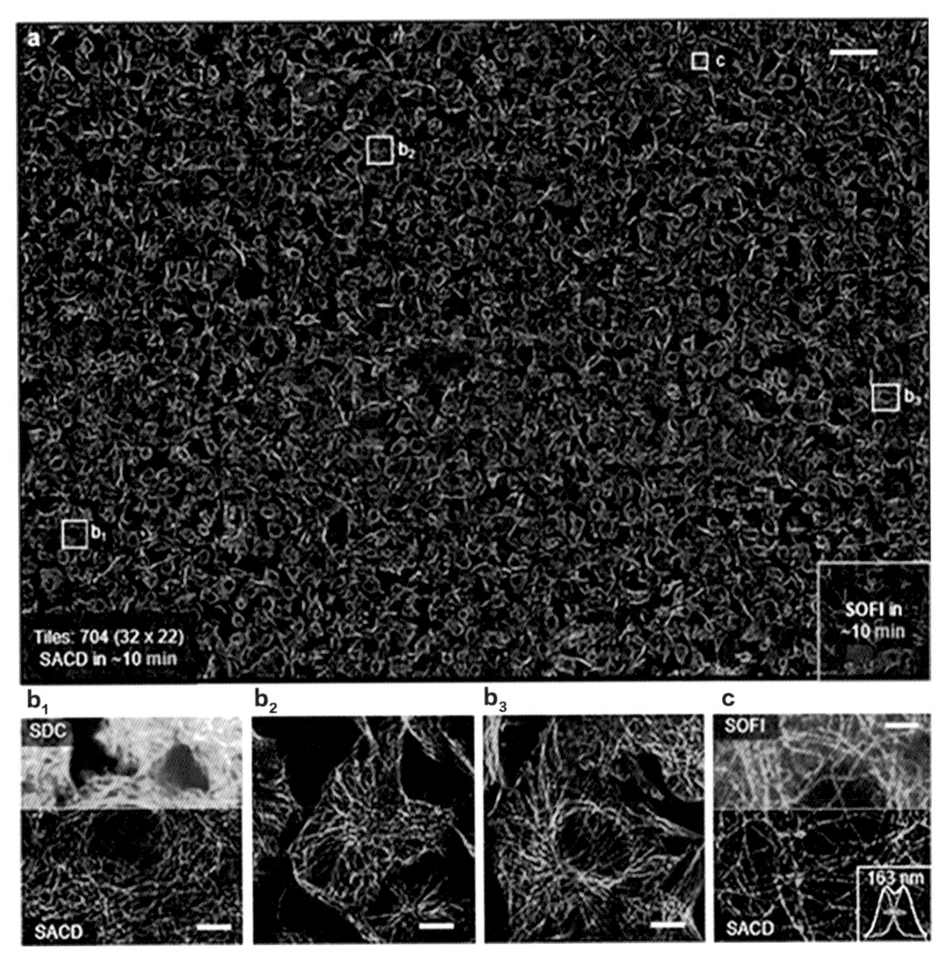

图 3-1-65　高通量超分辨成像

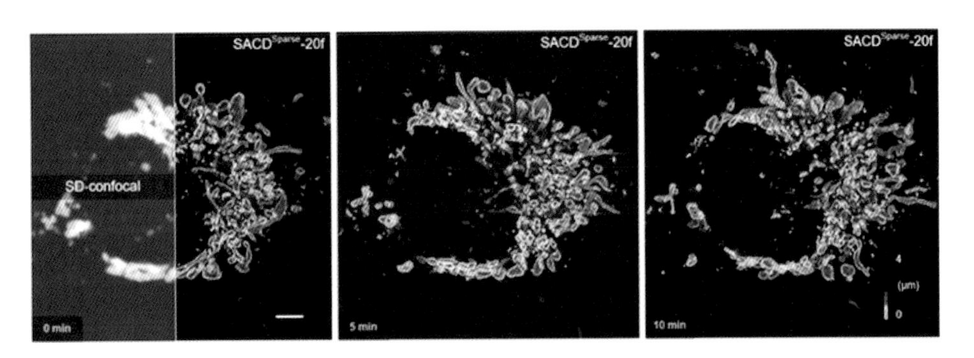

图 3-1-66　活体四维超分辨成像

基于大孔微球的外泌体眼内缓释剂型用于玻璃体视网膜疾病治疗

在自然科学基金委（国家杰出青年科学基金项目 T2225021）等资助下，中国科学院过程工程研究所马光辉研究员、魏炜研究员与首都医科大学附属北京朝阳医院陶勇教授合作，在基于自愈合大孔微球（Cap）的外泌体眼内缓释剂型研究中取得新进展。相关成果以“Exosome-Loaded Degradable Polymeric Microcapsules for the Treatment of Vitreoretinal Diseases”为题，于 2023 年 10 月 23 日在线发表在 *Nature Biomedical Engineering* 上。

近年来，细胞疗法在眼科疾病治疗临床试验中显示出了一定的疗效，但该疗法仍面临体内细胞存活率低、病理环境下细胞表型不稳定、细胞产品保存条件苛刻等一系列难题。针对上述问题，团队基于独创的自愈合大孔微球负载外泌体（Exo），该 ExoCap 体系可以在尺寸、内部结构、分泌行为等方面实现对功能性细胞的模拟。当在玻璃体腔内注射后，ExoCap 可以在眼内向下沉降并滞留于玻璃体腔底部，避免了活细胞注射后悬浮于玻璃体腔而影响视线；ExoCap 缓慢降解并持续释放其内装载的活性外泌体，这样有利于长期发挥药效。该体系可以根据治疗需求，负载不同细胞来源的外泌体（图 3-1-67）。

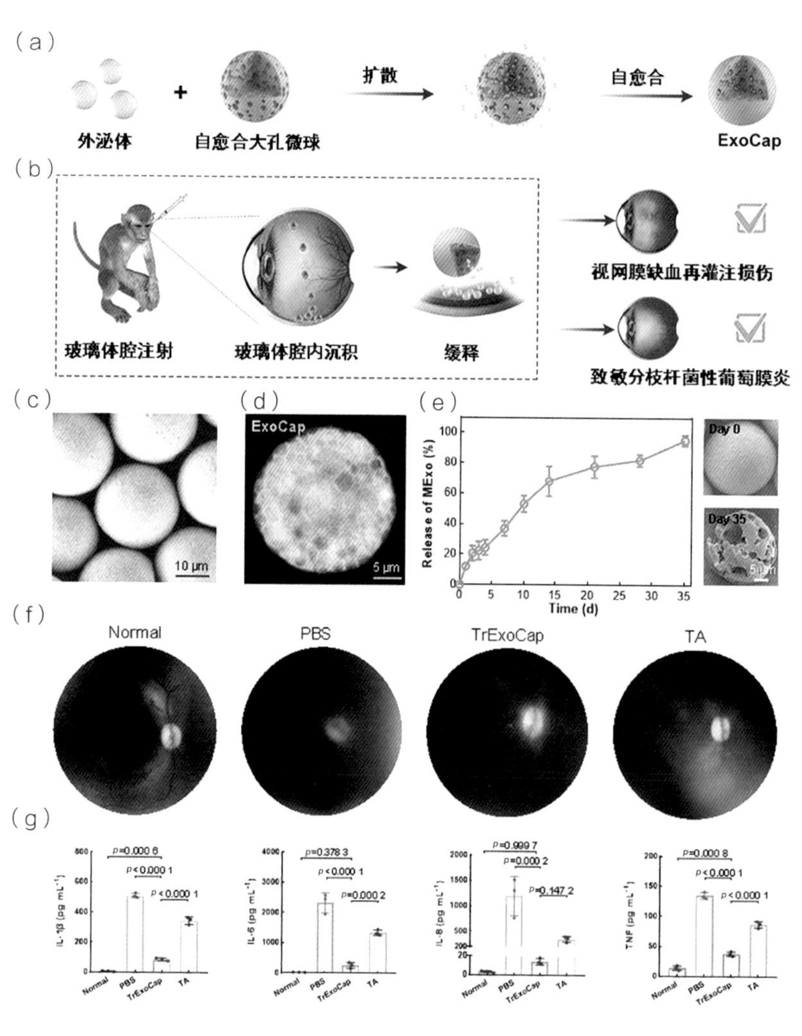

图 3-1-67 ExoCap 的构建及其在食蟹猴致敏分枝杆菌性葡萄膜炎模型中的治疗效果

复杂微结构三维光学显微测量仪

在国家重点研发计划“基础科研条件与重大科学仪器设备研发”重点专项“复杂微结构三维光学显微测量仪”项目（2021YFF0700400）以及自然科学基金委（面上项目 5197050993）等资助下，哈尔滨工业大学、中国计量科学研究院等多个研究团队协同合作，提出暗场轨道角动量共焦显微测量技术方法，实现了 100 nm 以下光学超高灵敏度表面及亚表面三维缺陷检测；并主持了《产品几何量技术规范（GPS）表面缺陷术语、定义和参数》ISO 8785—1998（表面缺陷）国际标准修订，这是产品几何规范领域中国代表首次在国际上牵头制订 ISO 标准。

微观缺陷对高性能探测器等微器件 / 微系统和高功率光学元件性能的破坏性极大，且类型庞杂，很难被发现和量化表征，因此成为产品良率提升的关键瓶颈。样品前表面反射会导致光子噪声的雪崩式增长，与表面缺陷相比，亚表面缺陷更难被发现和探测。国际标准体系中有关缺陷的表征方法仍然为二维评定。哈尔滨工业大学提出了暗场轨道角动量共焦显微测量技术方法，开展了基于多阶涡旋分量提取的缺陷物性表征方法研究，为后续损伤和缺陷形态关联研究提供了有效技术手段，解决了低阶衍射噪声分离难题，并研制开发了多模态明场 / 暗场一体化测量仪。仪器初步通过了实验证明，可以分辨 100 nm 以下尺度的表面及亚表面缺陷三维几何极性特征。2023 年 3 月，哈尔滨工业大学相关教授被聘为 ISO 8785—1998（表面缺陷）标准的修订负责人。

100 nm 级光学超高灵敏度表面及亚表面三维缺陷检测技术突破与 ISO 8785—1998 国际标准的修订，意味着光学非接触三维显微测量仪器可用于 3DIC 前序缺陷检测。同时，国际标准中表面缺陷的体系得到了完善，表面缺陷的概念由传统的表面延伸至浅表层，量化表征方法也由二维发现进入三维物性识别的发展阶段。复杂微结构三维光学显微测量仪的工程样机实物如图 3-1-68 所示，缺陷检测结果示例如图 3-1-69 所示。

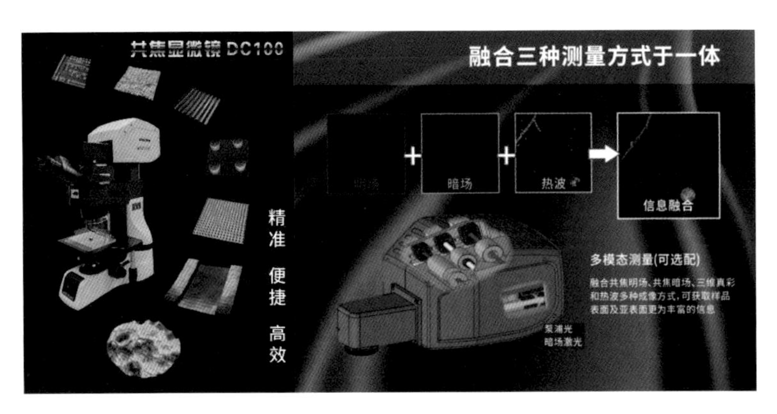

图 3-1-68　复杂微结构三维光学显微测量仪工程样机实物

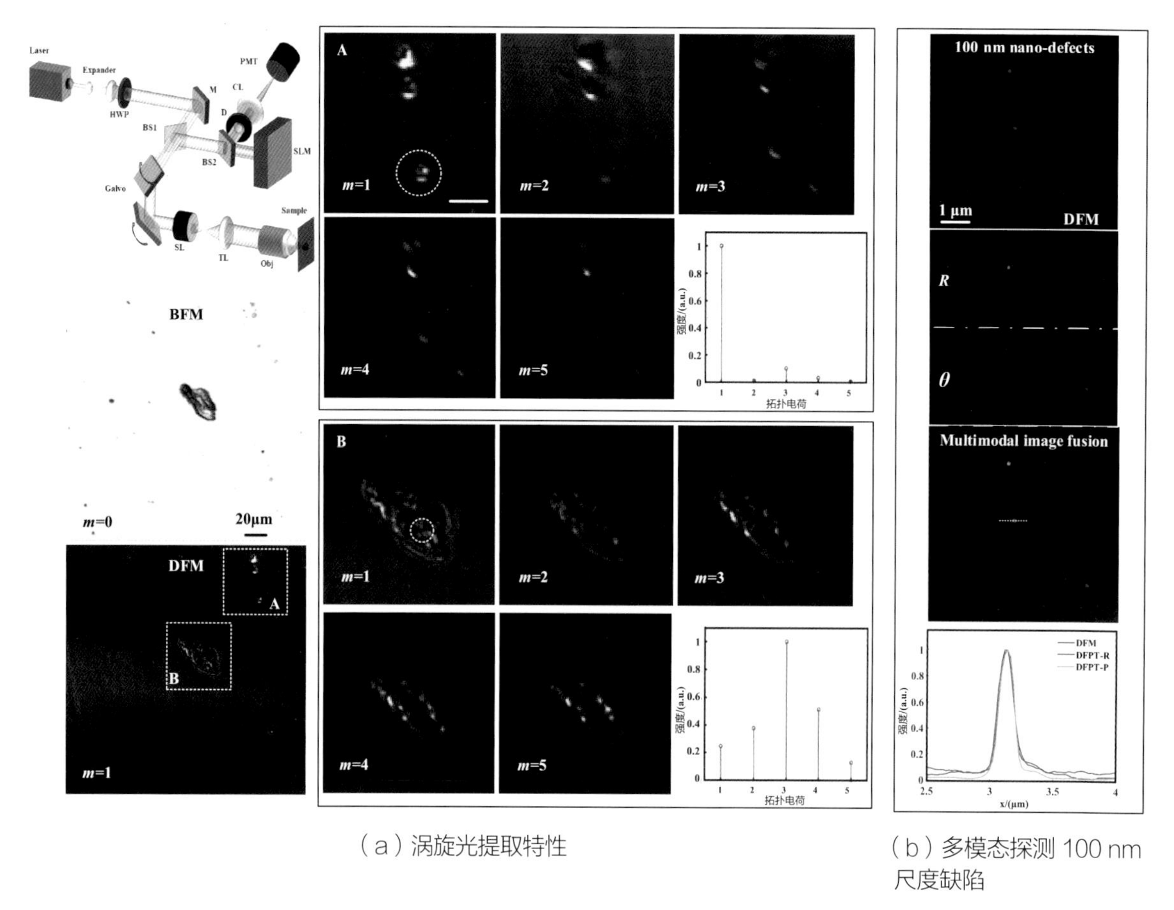

（a）涡旋光提取特性

（b）多模态探测 100 nm 尺度缺陷

图 3-1-69　缺陷检测结果示例

厘米量级小型化冷原子系统

磁光阱作为激光冷却原子技术中最简单和有效的技术，在基于冷原子的量子标准 / 精密测量（如冷原子钟、原子重力仪、磁力计以及微波测量等）领域得到了广泛应用。随着量子系统的实际应用场景不断增多，对冷原子物理系统的体积、功耗以及质量（SWaP）要求也越来越高。然而，经典磁光阱物理系统的总体积通常在立方米量级，限制了量子标准 / 精密测量系统的进一步小型化应用，相关问题亟待突破。

在国家重点研发计划“国家质量基础设施体系”重点专项资助下，中国计量科学研究院承担了“零链条溯源计量关键技术研究”项目（2021YFF0603700）。中国计量科学研究院进行总体规划后，联合中国科学院精密测量科学与技术创新研究院、中国科学技术大学及中国计量大学等单位，设计制备了冷原子光栅芯片、单层磁阱芯片、被动小型化真空腔室等冷原子技术核心器件（图 3-1-70），并以此为基础，共同构建了厘米量级冷原子物理系统（图 3-1-71），成功实现单束激光在微小型空间内原子的冷却陷俘[图 3-1-72（a）]。团队进一步将该系统移植至冷原子相干布居囚禁（CPT）系统中，探测到了对比度 >50% 的冷原子 CPT 共振信号[图 3-1-72（b）]。此外，在前期研究的基础上，团队探索了实现多重片上冷却机制的可能性，提出了一种应用于中性原子偶极俘获的芯片设计以及相应的片上偶极俘获实验方案。该芯片设计可利用单束激光同时实现磁光阱和冷原子的偶极俘获。相关成果以 “Concept of a Miniature Dipole Trap System Based on a Simple-Architecture Grating Chip” 为题，于 2023 年 12 月 4 日发表在 *Journal of the American Chemical Society B* 上。

该研究解决了冷原子体系在小型化原子钟中应用的一系列技术难点，并在原有小型化器件的基础之上，兼顾了低功耗和平面化的设计。该系统可预期拓展至以冷碱金属原子为基础的小型化量子精密测量 / 传感系统中，对其他以原子体系为核心系统的微型化、小型化具有重要技术指导意义。

（a）冷原子光栅芯片

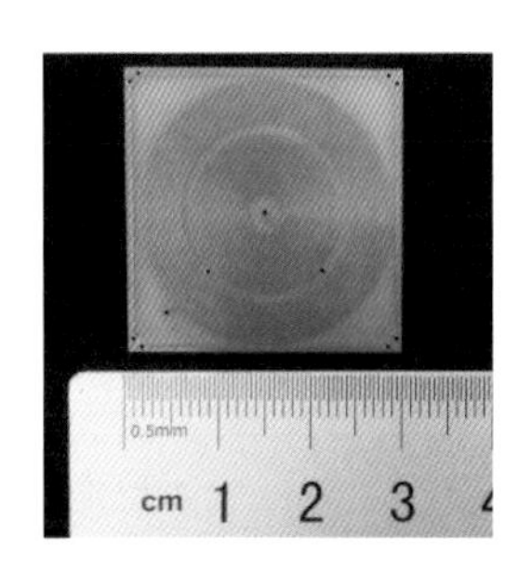

（b）单层磁阱芯片

（c）被动小型化真空腔室

图 3-1-70　冷原子核心器件

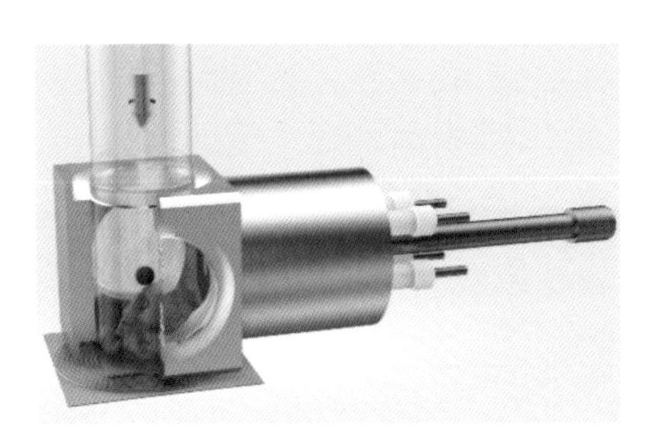

（a）冷原子物理系统概念图

（b）冷原子物理系统实物照片

图 3-1-71　冷原子物理系统概念图与冷原子物理系统实物

（a）冷原子荧光信号

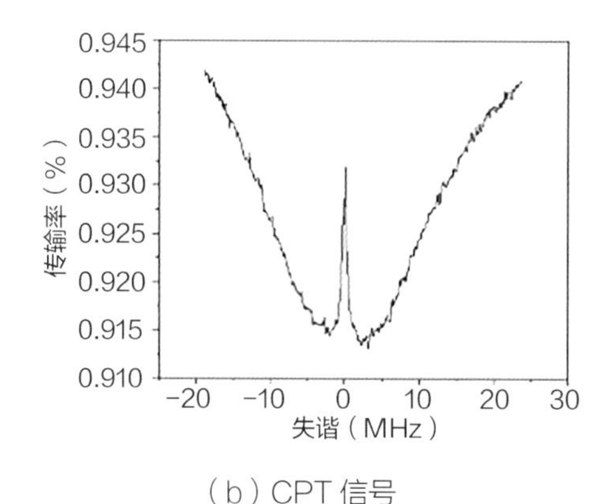

（b）CPT 信号

图 3-1-72　冷原子荧光信号与 CPT 信号

国产超光谱卫星痕量气体遥感技术及应用研究

超光谱卫星遥感是全面掌握污染 / 温室气体时空变化特征、支撑我国“减污降碳”战略必不可少的观测技术（图 3-1-73）。然而，我国的大气环境超光谱遥感长期依赖欧美国家的卫星载荷，严重制约了我国在大气污染跨境传输和全球排放责任评估的国际话语权。

在国家重点研发计划“大气与土壤、地下水污染综合治理”重点专项资助下，中国科学技术大学牵头承担了“臭氧及前体物多源卫星高分辨遥感与集成解析技术”项目（2022YFC3700100），中国科学院合肥物质科学研究院、安徽大学等单位共同参与。团队研发了我国首个紫外 - 可见超光谱卫星载荷大气痕量差分吸收光谱仪（environment monitoring instrument，EMI）的发射前定标技术和发射后超光谱扭曲修正技术（图 3-1-74），该技术被生态环境部卫星环境应用中心用于国产卫星在轨测试，为太空环境下性能剧烈变化的国产卫星提供了长期稳定观测的基础；研发了超光谱卫星多组分污染 / 温室气体反演算法，在载荷关键部件遭国际禁运的不利条件下，实现了国产卫星载荷反演精度达到欧美同类最新卫星的同等水平。

国产超光谱卫星遥感结果被生态环境部卫星环境应用中心作为官方标准产品，在中国环境监测总站、国家大气污染防治攻关联合中心等 20 余家政府部门的“美丽中国”生态文明建设实际工作中推广应用，实现了中国国际进口博览会、成都世界大学生夏季运动会等国家重大活动的空气质量保障用国产卫星遥感来支撑的目标，打破了多年来高度依赖国外卫星载荷的局面。研究成果获得新基石科学基金会的科学探索奖（2023 年度）。

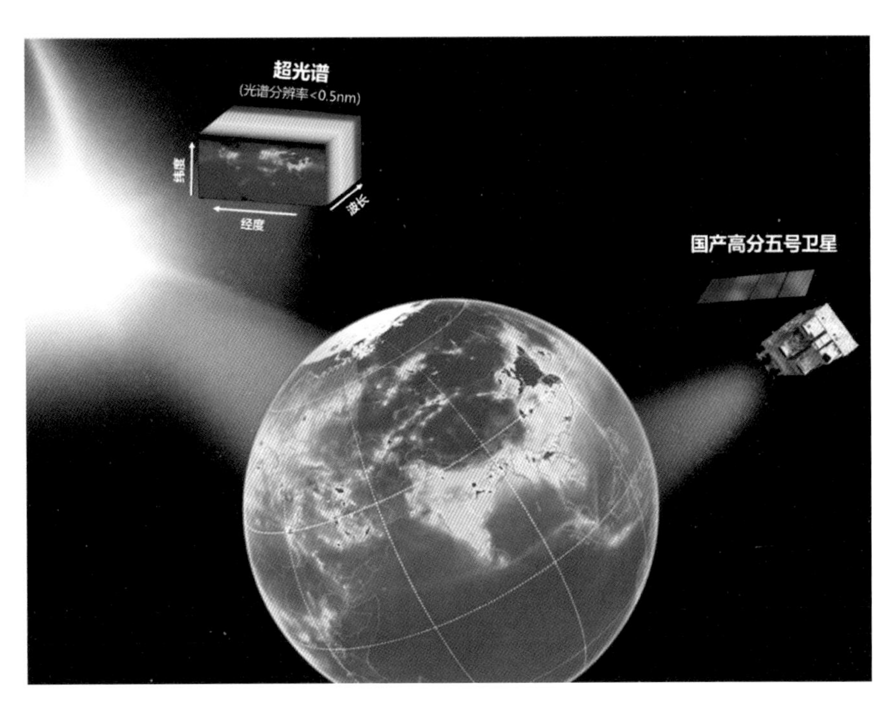

图 3-1-73　国产超光谱卫星大气污染成分遥感示意

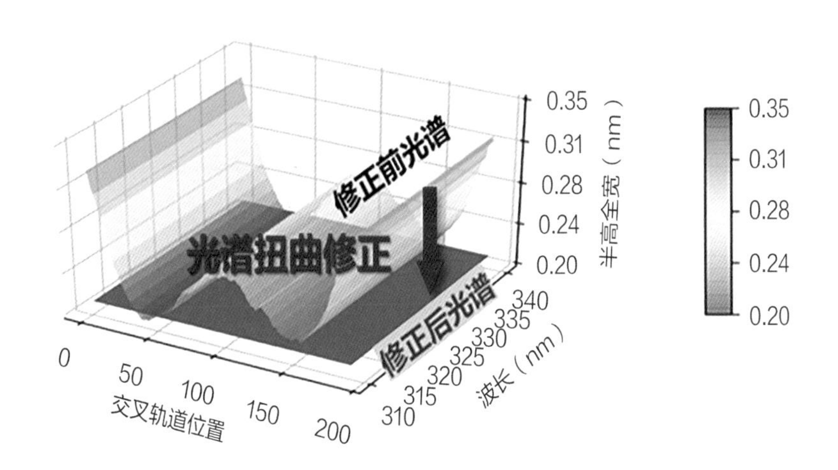

图 3-1-74　发射后超光谱扭曲修正技术对国产 EMI 载荷光谱形变的修正效果

我国西部地区锂矿成矿理论及勘查示范研究

锂是我国紧缺的战略性矿产，我国西部地区锂矿资源丰富，但资源家底不清，战略布局不强。在国家重点研发计划“战略性矿产资源开发利用”重点专项资助下，中国地质科学院矿产资源研究所承担了“我国西部伟晶岩型锂等稀有金属成矿规律与勘查技术”项目（2021YFC2901900）。该项目聚焦我国西部地区锂矿“异地同期爆发式成矿”、主要类型锂矿资源潜力定量评价等关键科学问题，就如何查明锂矿成矿条件、快速评价资源潜力并发现新的矿产地、实现锂矿资源增储上产、保障国家资源安全开展了一系列研究工作。现已初步查明我国西部锂矿的区域成矿条件，厘定阿尔金、冈底斯、喜马拉雅、柴北缘等四大新的稀有金属成矿带，为国家新一轮找矿突破战略行动的布局提供了决策依据。

2023 年，项目在锂矿成矿理论和找矿勘查方法技术方面作出了突破性贡献（图 3-1-75）。一方面是深化完善了“多旋回深循环内外生一体化”成矿理论，进一步揭示了伟晶岩型锂矿的成矿规律，在新疆的砂锂沟和塔木切、青海石乃亥、四川马尔康加达、西藏洛扎等地厘定五处重点矿集区；另一方面是锂矿找矿技术方法更加系统化、体系化，以锂找锂的同位素找矿方法、音频大地电磁测深与高密度电阻率技术方法组合、高空间分辨率遥感影像判别等技术在

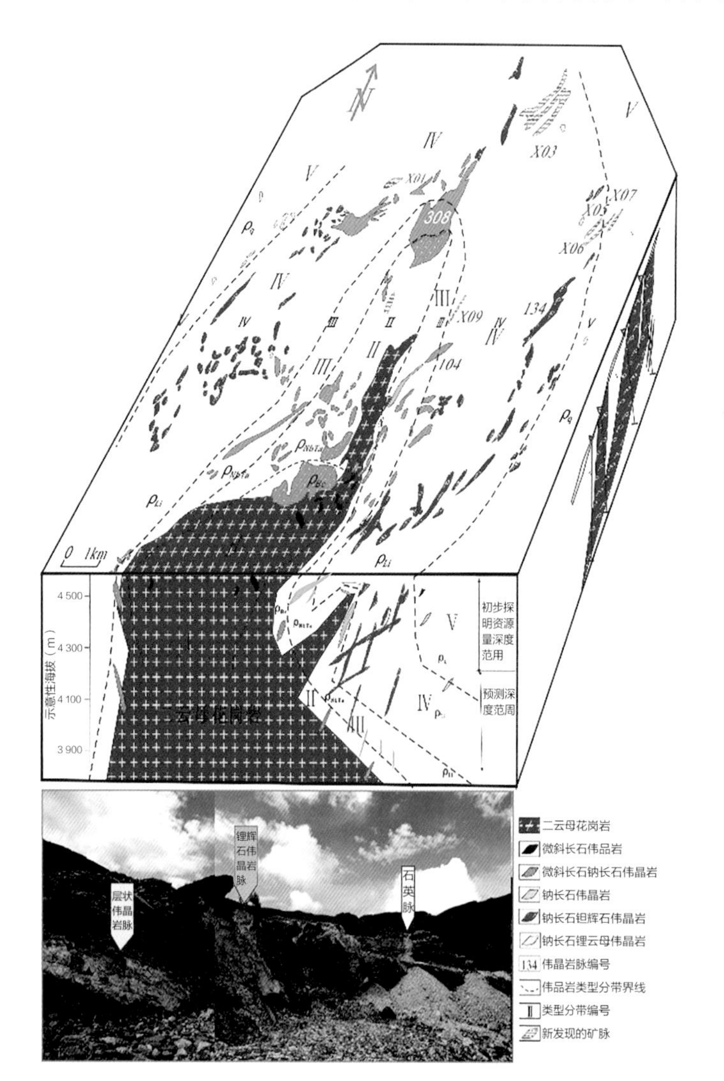

（a）伟晶岩型锂矿成矿模式

（b）新疆阿尔金塔木切含锂伟晶岩脉露头

（c）西藏洛扎嘎波锂矿锂辉石伟晶岩标本

（d）四川马尔康加达锂矿含矿伟晶岩脉露头

图 3-1-75　伟晶岩型锂矿成矿模式及项目锂矿勘查新发现

锂矿勘查和资源潜力评价方面积累了示范经验；基于深度机器学习的成矿预测新技术运用于黏土型等新类型锂矿，开拓了成矿预测研究的新领域。

该研究也树立了科研成果实现快速转化的典型。项目在四川马尔康市加达外围新发现了马纳等锂矿脉，促成了加达锂矿探矿权的成功招标、拍卖和挂牌（国家和地方财政受益达42 亿元），为川西马尔康大型锂矿基地的建设提供了资源保障，有望成为国家重点研发计划项目商业跟进、快速突破、增储上产的典范。

沉浮式智能组网的声学探测关键技术

海洋地震声学观测一直是海洋观测领域中长期的空白，导致大片的海洋区域缺乏或没有地震射线覆盖，极大地影响了海洋地球系统的深部结构和动力学研究，阻碍了地震发生机制与动力过程认识的深化。

在国家重点研发计划“海洋环境安全保障与岛礁可持续发展”重点专项资助下，自然资源部第二海洋研究所承担了“沉浮式智能组网的声学探测关键技术”项目（2021YFC3101400）。团队按照“在线观测—陆基集成—示范应用”技术路线，针对地球深部结构和海洋环境对水中重大事件信号传播的影响这两个关键科学问题，研发了沉浮式智能海洋声学浮标和光纤三维复合阵声学潜标，于 2023 年 9 月完成动静结合海洋地震声学观测系统功能性试验。该系统具备 6 000 km 以内 6 级及以上天然地震 P 波监测和水中 500 km 以内水中事件声源（500 Hz 以内、声源级≥ 235 dB）定位的能力（图 3-1-76、图 3-1-77）。

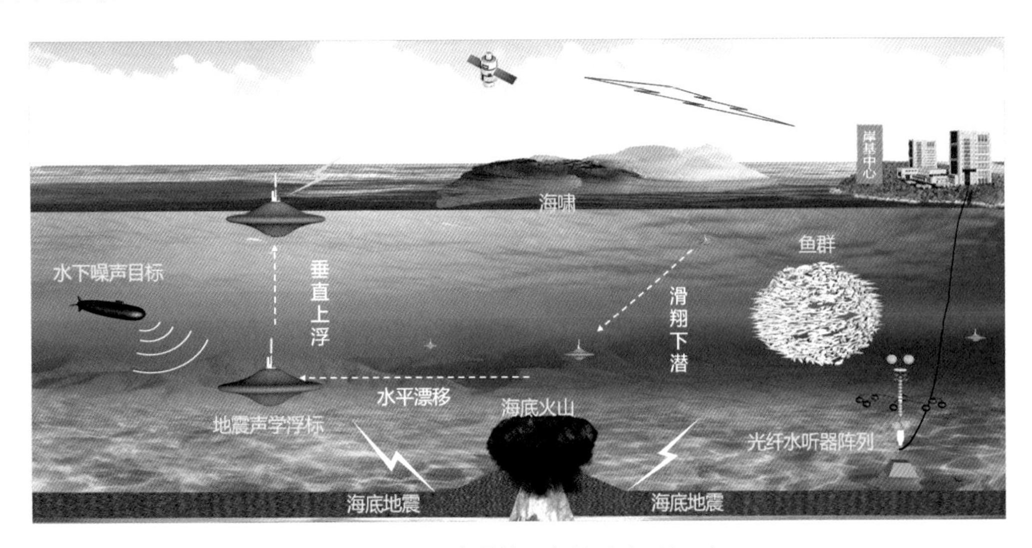

图 3-1-76　海洋地震声学观测系统示意

图 3-1-77　海洋地震声学浮标原理样机示意

海洋地震声学观测系统在硬件上实现了大范围、长时间、准实时观测，在软件上实现了水声信号在线精准分类识别，研究取得了以下三方面的突破。

（1）突破智能声学浮标流线结构、姿态调控、协同组网等关键技术，克服国际上现有技术缺乏机动性、无法智能组网的局限，首次研制机动性与智能性兼备的新型地震声学浮标，具备了全球海洋地震声学组网观测技术能力。

（2）突破高灵敏度、低频、低噪声深海光纤水听器技术，提出三维复合光纤水听器阵高增益高精度声学测向方法，首次构建基于双三维复合阵声学潜标的水声信号远程观测定位系统，实现了水中重大事件与水下目标同步探测。

（3）突破多种干扰条件下地震与水中重大事件信号的多尺度特征提取和长短时记忆法深度神经网络检测技术，建立基于数据驱动的深度学习识别算法，解决国际 MERMAID 浮标在线识别率低的问题。

研究成果可用于建设自主知识产权的地震声学观测系统，填补全球海洋地震观测的空白，获取全球规模的层析成像，厘清地球多圈层系统；还可形成以我国为主的国际合作计划，让中国在国际合作中保持卓越领先。

基于大数据和人工智能的地震监测预测技术研究

在国家重点研发计划“重大自然灾害防控与公共安全”重点专项资助下，中国地震局地震预测研究所承担了“基于大数据和人工智能的地震监测预测技术研究”项目（2021YFC3000700）。团队研发了人工智能实时地震监测技术系统，该系统可智能监测地壳应力与介质参数的时空变化等，综合获取地震异常信息；在实验场区开展了地震监测预测应用示范，提升了地震数据处理的智能化水平和中短期预测的准确率。

团队建立了全球规模最大的人工智能地震监测数据集，包括 2009 年以来中国地震台网记录的 130 余万个地震的波形数据，标注数量达 4 500 余万条。这是目前地震事件最多、震级跨度最大、震中距范围最广、震相类型和地震类型最丰富的数据集，为我国地震人工智能发展提供了关键数据支撑。

团队研发、完善的全球首个人工智能实时地震监测系统（EarthX）、人工智能地震辅助编目系统（RISP）（图 3-1-78）和人工智能自动分类系统实现了示范应用，可实时处理实验场发生的地震，并对人工地震和天然地震进行有效区分，显著提升了微小地震的监测能力。在项目执行期间，团队实时检测出多个中强地震序列的余震，检测数量为人工分析得到数量的 2 倍以上。目前，团队研发的系统已经在四川、云南和福建等多个地区开展了示范应用；研发的震源参数和地下应力变化的人工智能监测系统，可以实时获取 2 级以上地震震源参数，同时可对地下应力变化进行实时智能监测。基于图神经网络的地震人工智能预测系统开始在川滇地区示范运行。

团队创新性地通过机器学习，对全球 3 000 余个地震进行了分类和相关性分析，证明了深浅地震破裂过程的差异由地球刚度控制，与其具体产生机制无关，纠正了人们长期的研究误区，改进了 1967 年阿基（Aki）提出的地震自相似定义，建立了新的地震标度律，预测了地震参数随深度的系统性变化（图 3-1-79）。相关成果于 2023 年 5 月发表在 *Nature Geoscience* 上。

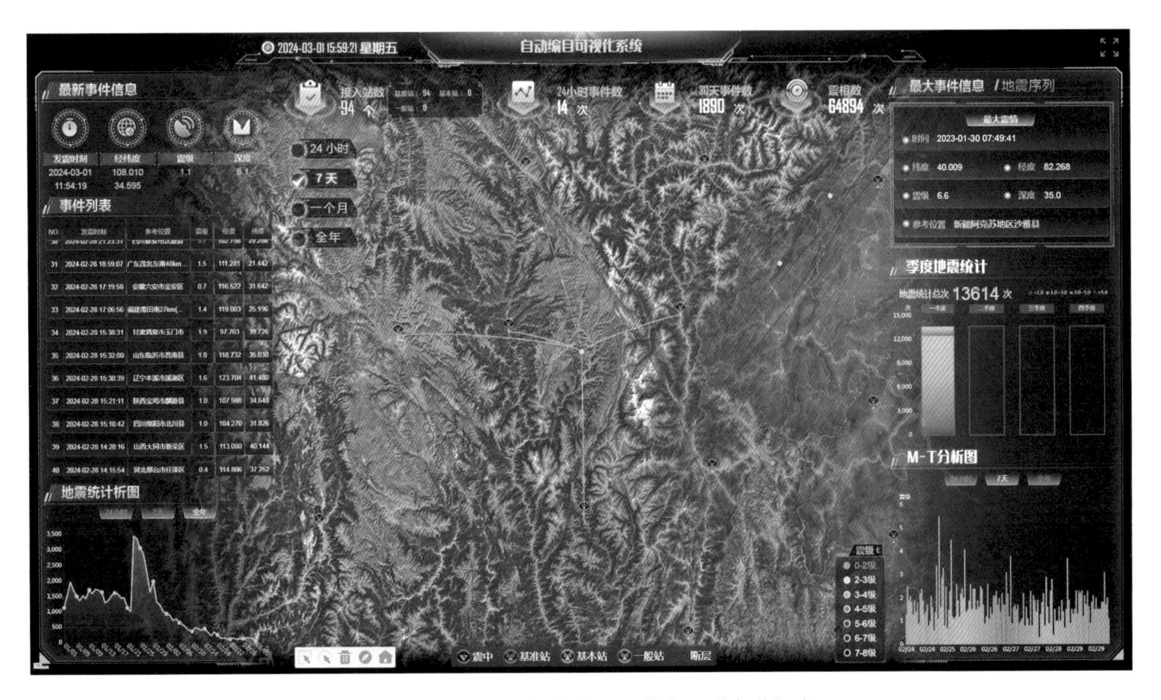

图 3-1-78　地震智能编目系统实现业务化运行

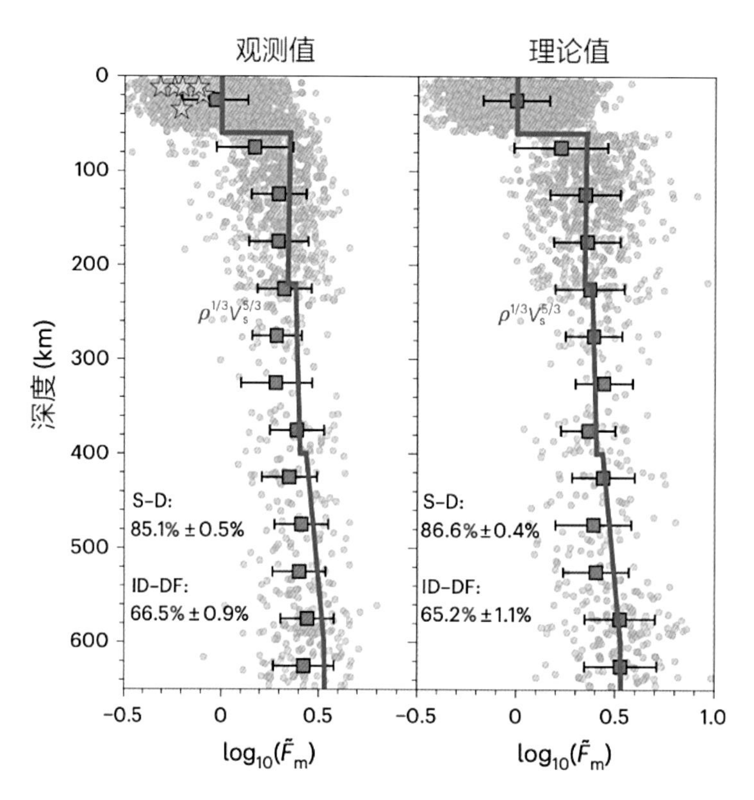

图 3-1-79　机器学习揭示深地震机制

大面积反射式一次静态曝光技术助力打破大口径脉冲压缩光栅受制于人的被动局面

脉冲压缩光栅是超强超短激光装置的核心部件，具有压窄激光脉冲宽度和传输能量的双重功能，其面积大小与激光装置能量负载成正比。目前，国内外主要采用全口径透射式一次干涉曝光、细光束扫描干涉曝光拼接等技术制备大口径脉冲压缩光栅。然而，受大口径高质量透镜材料或拼缝可能导致光斑聚焦旁瓣等问题的限制，利用现有技术进一步拓展光栅口径已成为无法逾越的鸿沟。

在国家重点研发计划“变革性技术关键科学问题”重点专项资助下，由中国科学院上海光学精密机械研究所牵头的研究团队创造性地提出了大口径反射式一次静态曝光技术。团队利用超大口径离轴抛物面反射镜和高功率全固态紫外光刻光源构建了口径 ~2 m 级的全息干涉曝光光刻系统，通过一次干涉曝光即可形成 ~2 m 级的无拼缝全息光栅掩膜。该技术突破了传统的全口径透射式一次干涉曝光技术受高质量透镜材料的限制，解决了细光束扫描干涉曝光拼接技术中因多次曝光拼接导致的光栅衍射波前相位跳变难题，大幅提升了脉冲压缩光栅的口径扩展能力、制造效率和质量。

目前，大口径反射式一次静态曝光技术已通过初步应用验证（图 3-1-80），其中涉及的大口径高精度离轴抛物面镜加工及其表面缺陷检测与抑制、曝光环境温流场稳定控制、大面积干涉光场调控、大面积光刻胶纳米涂层均匀制备、高精度曝光显影监测等关键技术已获得突破。团队完成了 ~2 m 级大面积脉冲压缩光栅研制专用研发线的建设，研制出了世界上最大口径 1 620 mm × 1 070 mm × 160 mm 的无拼缝脉冲压缩光栅（图 3-1-81），该口径面积是目前已知的国际上最大同类光栅元件的 2.9 倍，光栅微结构的高度、槽型、均

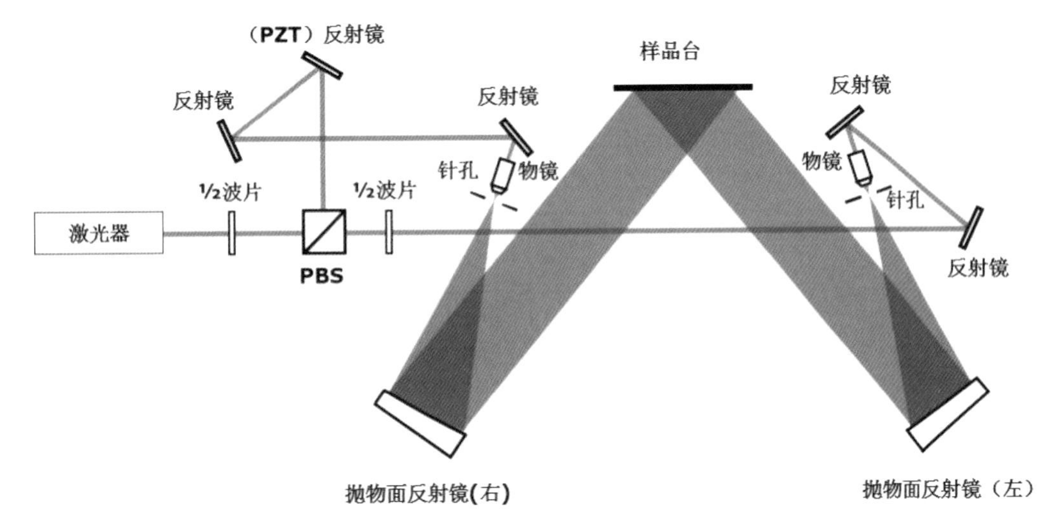

图 3-1-80　全口径反射式一次静态曝光系统原理

图 3-1-81　1 620 mm × 1 070 mm × 160 mm 大口径 1 400 线密度光栅样件

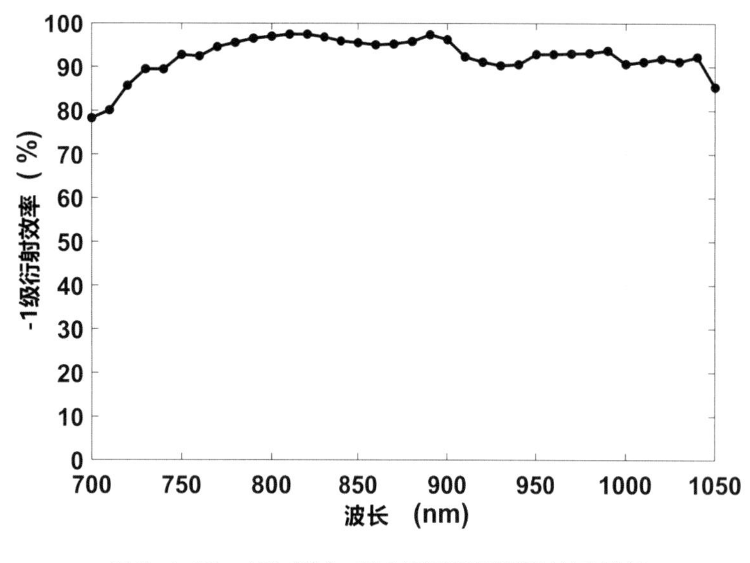

图 3-1-82　45° 测试、TM 偏振光光栅衍射效率谱线

匀性和复形效果等关键指标符合预期，并已实现在 200 nm 光谱带宽内平均衍射效率高于 93% 的光学性能指标（图 3-1-82），实现了我国在该领域的技术领跑。本阶段的技术突破不但为单路百拍瓦级甚至艾瓦级超强超短激光解决了最主要的技术瓶颈，也为我国超强超短激光装置规模化建设提供了保障。

下一阶段，研究团队将持续开展大口径离轴镜加工工艺、曝光环境及干涉场控制精度、曝光显影工艺及镀膜复形等方面的迭代优化工作，进一步提升大光栅表面质量、微结构槽型对比度及其可控性、镀膜复形精度等，使大光栅抗激光损伤阈值、衍射波前畸变等指标达到工程应用水平，为我国超强超短激光技术发展贡献力量。

体外发育模型揭示灵长类早期胚胎发育特征的研究

灵长类早期胚胎的发育，尤其是原肠运动和器官的形成，是发育生物学的前沿科学问题，对人类生殖发育疾病机制解析具有重要意义。由于伦理和技术的限制，人类胚胎发育的研究一直面临着巨大挑战。灵长类动物在生殖和胚胎发育特征上与人类高度相似，结合灵长类动物的优势和研究特点，建立能够模拟并重现体内发育特征的体外研究模型，具有重要的科学意义。

在国家重点研发计划“发育编程及其代谢调节”重点专项资助下，由昆明理工大学牵头的研究团队围绕灵长类原肠运动过程的谱系发生、胚层细胞起源和区域特化等关键科学问题，从体内胚胎发育分子图谱的构建、体外胚胎发育三维模型的构建和分析、干细胞来源类胚胎模拟体内发育三个方面开展了研究（图 3-1-83）。团队在国际上首次绘制了食蟹猴受精后 20~29 d 胚胎单细胞转录组图谱，创建了两种体外发育至受精后 25 d 的三维胚胎培养体系（封面文章一“从囊胚到早期器官发生的猴体外胚胎发育”，封面文章二“基于三维囊胚培养的食

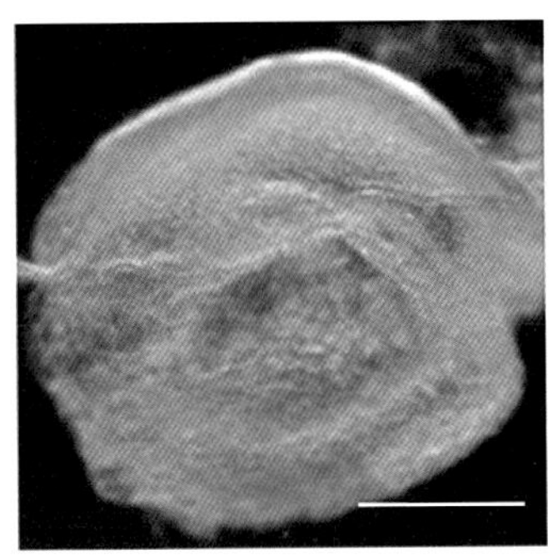
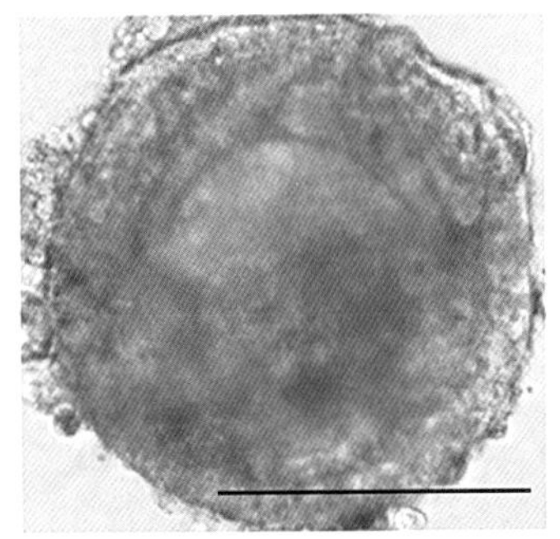
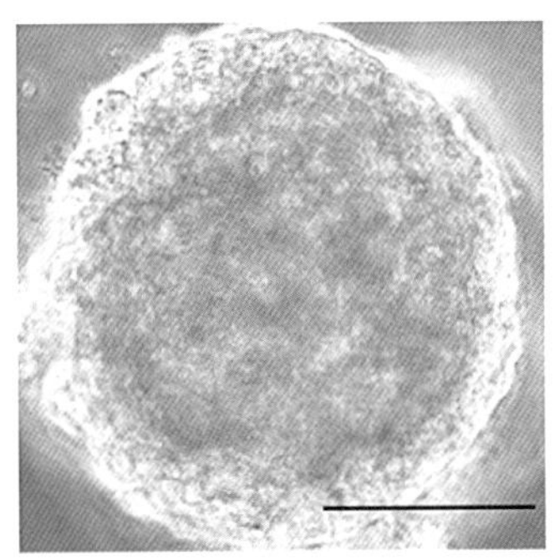

图 3-1-83　体内发育胚胎、体外发育胚胎和类胚胎模型

蟹猴神经胚发生”）（图 3-1-84）。团队结合体内和体外数据和研究体系，系统解析了灵长类原肠运动的谱系特化轨迹，同时对神经、造血等早期组织器官发生的分子演进规律进行了深入研究。团队利用猴干细胞和人干细胞，分别构建了灵长类类囊胚和类原肠模型，为进一步揭示灵长类围着床胚胎发育的关键机制提供了重要线索和新的研究体系。

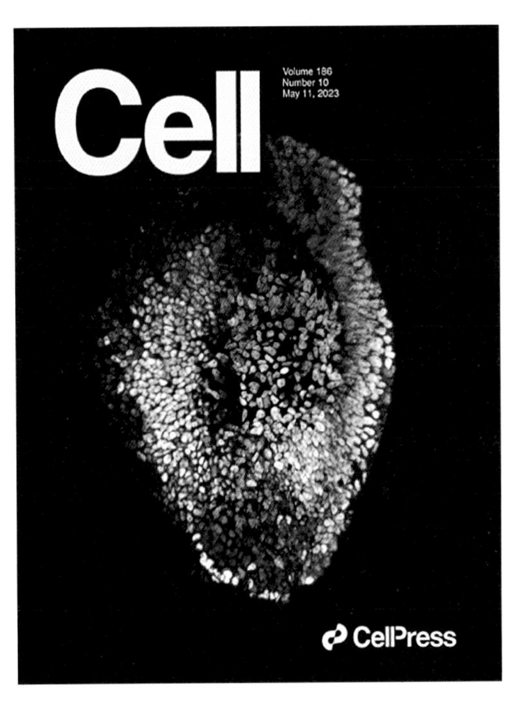

图 3-1-84　研究结果背靠背发表于 *Cell* 并被选为封面文章

团队在国际上首次实现灵长类胚胎体外发育至 25 d，*Nature* 对此进行了专题报道和积极评价。团队结合胚胎体内外发育研究和干细胞类胚胎模型研究，系统揭示了灵长类原肠运动到早期器官发育阶段胚胎的细胞组分与分子特征、细胞谱系发生过程及分子调控机制。研究成果不仅填补了灵长类胚胎原肠运动至早期器官发育阶段的知识空白，还为孕早期流产和出生缺陷的预防及治疗提供了新的理论基础和研究路径。

具有完全自主知识产权的丙烷脱氢新工艺为丙烯工业高质量发展奠定科学基础

丙烯在全球石化产业链中占有重要地位，是衡量一个国家经济发展水平的重要标志。我国丙烯需求和产能均位居全球第一，丙烯及其下游产品产值占国家 GDP 的 1%，丙烯生产碳排放量分别占我国和全球石化工业总量的 8% 和 5%。“十四五”期间，国家对石化化工行业提出了绿色低碳的高质量发展要求。因此，绿色低碳烯烃生产技术成为核心竞争力，其研发工作受到国内外的高度重视。

丙烷脱氢制丙烯技术具有较高的碳资源利用经济性，是实现轻质化烯烃生产的关键技术。但是，中国的丙烷脱氢技术完全依赖国外进口。传统的商业化丙烷直接脱氢是高温强吸热反应，受热力学平衡限制，工艺能效低。

在国家重点研发计划“催化科学”重点专项资助下，由天津大学牵头的研究团队发现了催化活性位有序化程度对串联反应的调控规律，开发了脱氢活性位与选择性氢燃烧活性位串联的载氧体催化剂，建立了氢溢流介导耦合脱氢吸热反应和选择性氢燃烧放热反应新工艺（图 3-1-85）。团队通过氢燃烧实现了反应器内原位供热，反应温度降低了 50℃，突破了传统丙烷直接脱氢热力学平衡限制，丙烯单程收率比传统工艺提高了 20%，工艺过程能耗降低了 35%。以 60 万吨丙烯生产装置为例，碳排放降低超过 3 万吨。该研究成果创新了丙烯生产工艺，显著提升了丙烯生产效率和能量利用效率，实现了高能效丙烷脱氢制丙烯，为烯烃生产的高质量低碳化发展奠定了科学基础。

相关成果于 2023 年 8 月发表在 *Science* 上，引起了国内外院士专家发表专文进行高度评价。研究成果应用于工业装置，为企业烯烃生产节能减排，助力烯烃行业的低碳化转型。

（a）丙烷脱氢工业装置

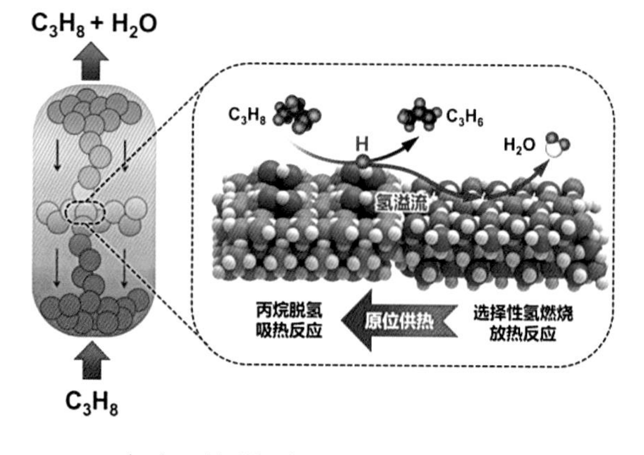

（b）丙烷脱氢串联选择性氢燃烧机制

图 3-1-85　高能效化学链丙烷脱氢新技术

光电智能计算芯片

现今主流计算性能提升仰赖的准则——摩尔定律，其增速已放缓近 10 年，甚至面临失效。人工智能算法模型对算力的需求却在五年内增加了 30 万倍。计算架构算力和能效的提升迫在眉睫。

在自然科学基金委（基础科学中心项目、国家杰出青年科学基金项目）和科技创新 2030—“新一代人工智能”重大项目资助下，由清华大学牵头的研发团队联合攻关，提出了一种全模拟的光电融合计算芯片 ACCEL。在智能视觉任务中，团队在国际上首次实测光电计算可以在系统层面达到高性能图形处理器(graphics processing unit,GPU）算力的 3 000 余倍，为高性能 GPU 能效的 400 余万倍，证明了光子计算在诸多人工智能任务中的优越性，在后摩尔定律时代开启了一系列广泛的应用前景。

该研究致力于解决光电计算芯片的大规模集成度、非线性、光电接口三个关键技术瓶颈，创新性地提出了纯模拟光电融合的计算框架。将进行视觉特征提取的大规模衍射神经网络和基于基尔霍夫定律的纯模拟电子计算集成在同一枚芯片框架内，绕过了模拟数字转换器（analog-to-digital converter，ADC）速度、精度与功耗相互制约的物理瓶颈，在一枚芯片上实现了大规模计算单元集成、高效非线性和高速光电接口（图 3-1-86）。

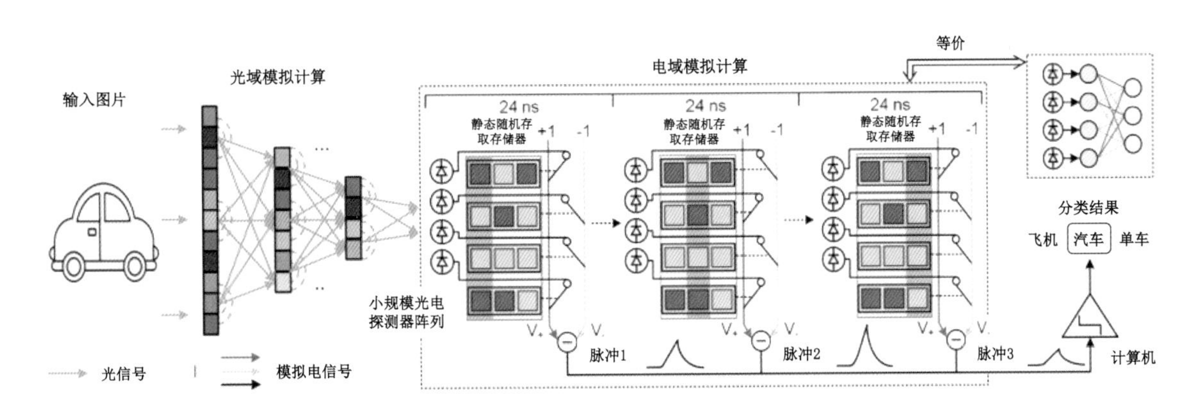

图 3-1-86　光电计算芯片 ACCEL 的计算原理

此外，针对模拟计算类芯片对噪声敏感，多层级联难以保证量化精度的关键难点，ACCEL 芯片在高并行地提取特征的同时，非监督地学习到了将光强汇聚到某些特征点的编码方式，在总光强极低的情况下，提升了局部光强，从而提高了对应光电二极管的信噪比和在高速视觉任务中的鲁棒性（图 3-1-87）。

相关成果于 2023 年 10 月发表在 *Nature* 上。*Nature* 特邀发表专题评述指出“或许这枚芯片的出现，会让新一代计算架构比预想中早得多地进入日常生活”。计算电磁学领域专家、东南大学崔铁军教授评论该技术“突破了此前光学神经网络中模数转换的功耗和延迟限制”。该研究为超高性能计算架构开辟了新路径。

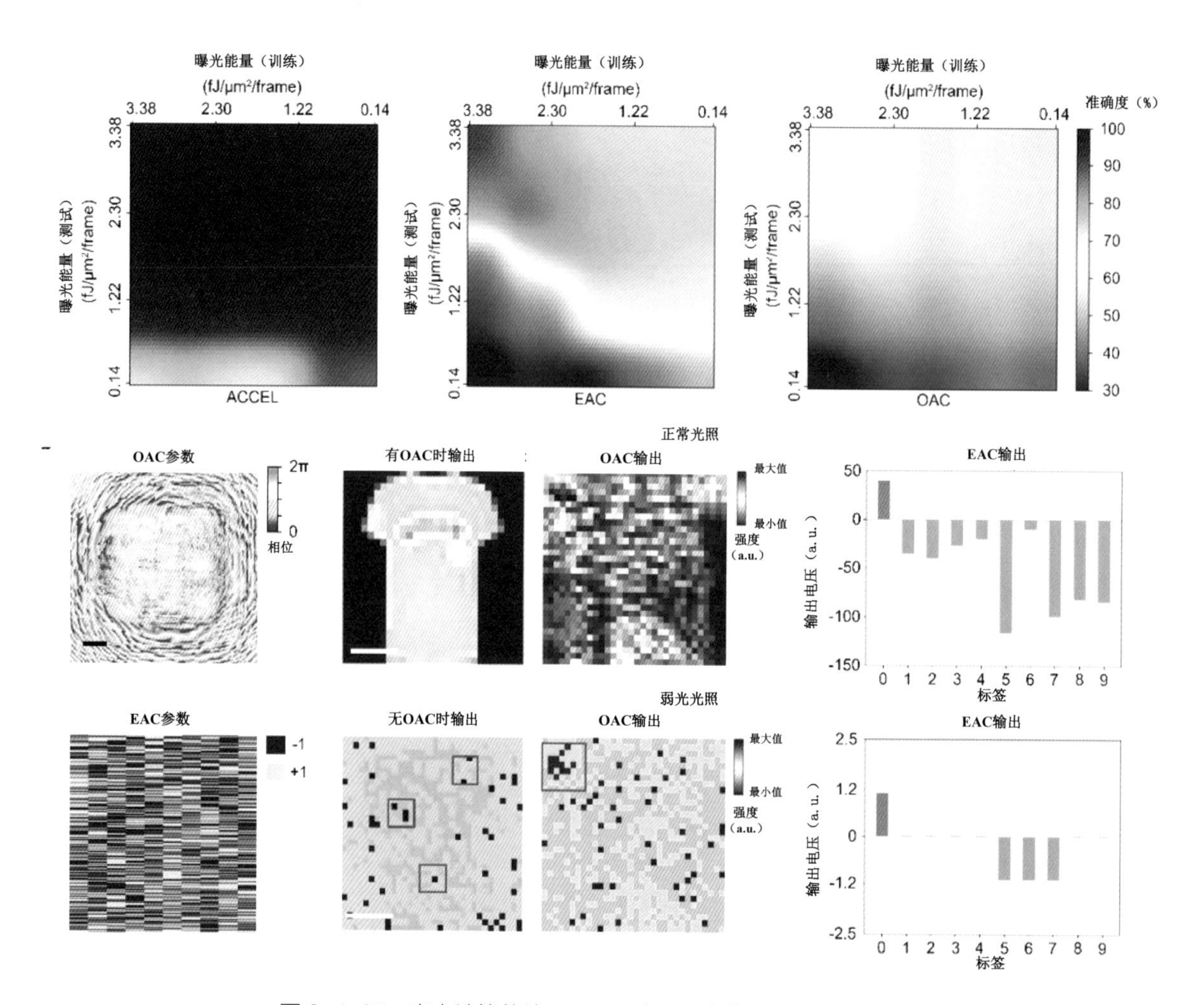

图 3-1-87　光电计算芯片 ACCEL 在不同任务和曝光下的性能

无镉量子点材料开发及量子点光刻图案化研究

主动式量子点发光显示器（active-matrix quantum dot light emitting diode，AMQLED）由于其高色域、低功耗、可用于柔性显示等优点，是下一代显示技术的有力竞争者。目前，该技术还面临以下关键问题：适用于电致发光产业化的无镉无铅量子点相对不成熟；器件效率和寿命尚未达到产业化需求，制约器件稳定性的关键机制尚不清楚；高精度量子点发光层图案化工艺以及全彩柔性样机制备工艺还未达到产业化需求。

在国家重点研发计划“新型显示与战略性电子材料”重点专项资助下，由京东方科技集团股份有限公司牵头的研发团队针对以上问题进行了系统深入的研究，厘清了无镉无铅量子点材料结晶生长动力学过程及其与光电性能的构效关系，载流子注入、传输以及复合动力学过程及器件光学结构对发光性能的影响机制，器件失效关键因素和机制，图案化工艺对量子点和量子点发光二极管（quantum dot light emitting diodes，QLED）器件理化性质的影响机制等。团队取得以下突破性成果。

（1）通过对前驱体的理性设计及对壳层结构的精细调控，使红、绿、蓝量子点的发光效率分别提升至 71%、60% 和 50%，半峰宽控制在 38 nm、45 nm 和 28 nm（图 3-1-88）；并在传输层材料的能级调控、醇溶性以及迁移率等制约性问题上取得了突破，为实现高效率可溶液加工 QLED 奠定了基础。相关成果于 2023 年 7 月发表在 *Small* 上。团队通过量子点表面调控以及功能层能级和迁移率优化，将红、绿、蓝器件电流效率分别提升至 24.0 cd/A、69.0 cd/A 和 11.8 cd/A，指标均达到国际领先水平。为提升器件寿命，团队以含镉量子点为模型，通过传输层掺杂和双空穴传输层结构，缓解了注入势垒增大的问题，实现了长寿命绿光器件，1 000 cd/m^2 下器件 T_{95} 寿命达到 17 700 h，同时效率可达 21%，实现了效率和寿命突破。

图 3-1-88　高效率 InP、ZnSe 量子点材料

（2）为实现高精度量子点像素化，团队开发了量子点直接光刻工艺，量子点发光层在印刷涂布后，利用卡宾等光敏可交联基团和光刻工艺，实现了像素化，最高分辨率达 2 000 ppi，突破了传统蒸镀与喷墨打印制程对分辨率的限制，形成了全球首创的基于量子点材料的直接光刻法，开辟了除蒸镀和打印之外的第三条有潜在量产价值的工艺路线。团队最终实现了

4.7 in（1 in ≈ 2.54 cm）、650 ppi 的直接光刻法 AMQLED 全彩显示样机的制备，样机色域达到 85% BT2020，样机照片如图 3-1-89 所示。这是迄今分辨率最高的 AMQLED 全彩显示样机，并在 2023 国际显示周（SID Display Week 2023）上实现全球首发，受到了行业内外高度评价。业内专家认为“利用光刻等新技术提升产品性能，利用已有产线和工艺大幅降低产品成本，是未来显示的发展趋势，该样机与这一趋势高度契合”。光刻图案化是 QLED 显示技术量产的正确路线，这款样机的产出推动了 AMQLED 量产化进程。

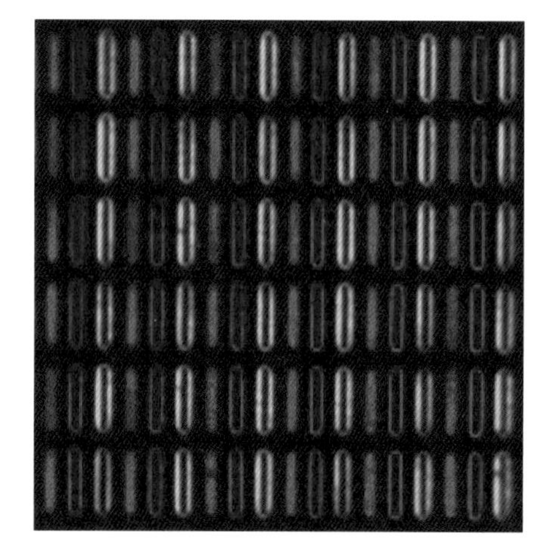

（a）QLED 电致发光像素照片

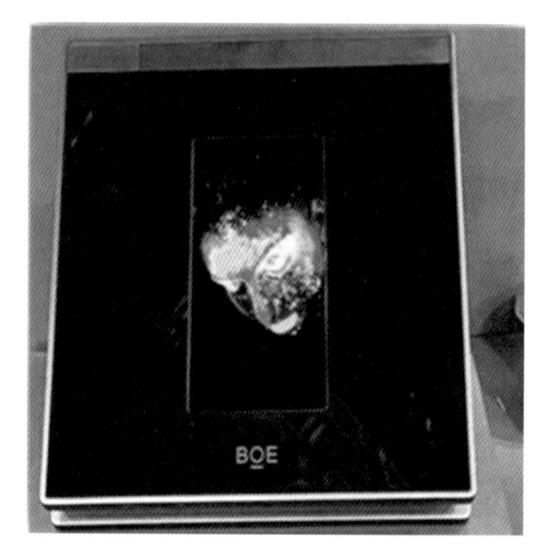

（b）4.7 in、650 ppi 直接光刻法全彩 AMQLED 样机

图 3-1-89　QLED 电致发光像素照片及直接光刻法全彩 AMQLED 样机

飞秒激光电子动态调控制造

高质量制造难加工材料的三维复杂、微细、大深径比等结构是世界性难题。例如，靶丸制孔是核聚变点火成功的基石，陀螺质量调平 / 传感微结构刻型是高精度惯性导航装置研制的关键，硬脆材料切割是消费电子升级换代的瓶颈，这些结构的制造都是传统制造方法无法满足的。飞秒激光可在短于百万亿分之一秒内脉冲峰值功率超过万亿瓦，对上述制造挑战独具优势，但其仍然面临加工效率低、深径比低、精度受限等挑战，亟待实现制造原理性创新。

在国家重点研发计划“增材制造与激光制造”重点专项资助下，由北京理工大学牵头的研发团队通过设计超快超强光场时空分布，提出并实现了飞秒激光电子动态调控制造新原理，在国际上首次实现了激光制造中电子层面主动调控，拓展了激光制造极限能力，如加工效率提高了 56 倍，深径比极限提高了 260 倍，可重复加工精度达 56 nm（波长的 1/14），质量去除精度达百飞克级等（图 3-1-90）。团队发明了飞秒激光电子动态调控制孔、调平、刻型、切割等新技术和新装备，率先实现了飞秒激光制造重大工程应用和规模化产业应用，为37 个国家重大型号或国家重大科技工程奠定了关键制造基石。团队所加工的陀螺仪和新型光纤微传感器在航空、航天等领域取得了多项重要应用。团队与相关企业合作开发的电子动态调控切割装备应用于主流手机全面屏的异形切割、有机发光二极管（organic light emitting diode，OLED）柔性屏切割等，取代了国际同类主流装备，累计销售达 1 731 台 / 套。

研究成果获得包括 4 名诺贝尔奖得主、107 名各国院士、232 名会士等在 *Nature*、*Science* 等期刊上的正面评价。例如，美国科学促进会及其会刊 *Science* 的新闻平台评价“对高端制造、材料处理、化学反应进行控制可能带来革命性的（revolutionary）贡献”。

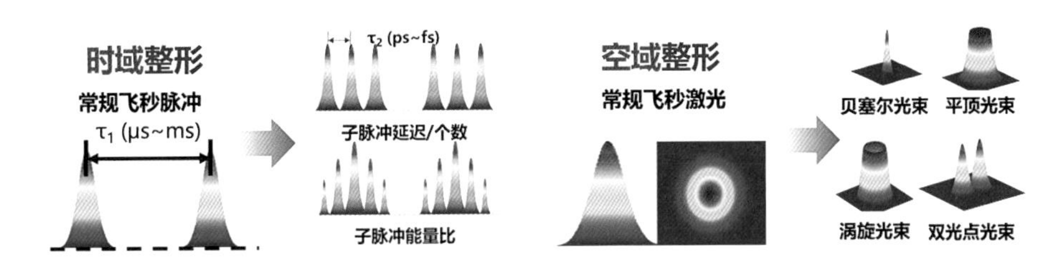

精准调控：关键时间(飞秒)、关键空间(纳米)、关键对象(电子动态)

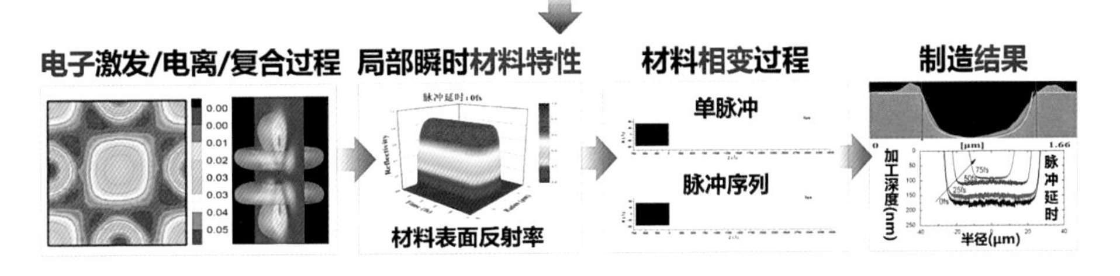

图 3-1-90　飞秒激光电子动态调控制造

第四部分

国际（地区）合作与交流

NSFC

一、开展面向全球的科学研究基金试点实施工作

自然科学基金委成立国际科研资助部，依托外国学者研究基金项目开展面向全球的科学研究基金试点实施工作，资助外国青年、外国优秀青年、外国资深学者、外国资深学者团队试点项目共计 277 项，直接费用 2.5 亿元。外国学者研究基金项目已成为吸引、稳定外籍优秀青年及高层次学者的主要支持渠道之一。

二、推进区域创新和国际（地区）交流与合作

截至 2023 年底，自然科学基金委已与 54 个国家（地区）的 103 个资助机构或国际组织建立了稳定合作关系。国家自然科学基金基于国际通行的学术规则和运行机制，已成为国际合作渠道畅通的重要保证。

在与美洲、大洋洲合作方面，落实中美元首重要共识，积极稳妥开展对美交流合作，持续官民并举，总体态势稳中有进。与新西兰商业、创新与就业部新建合作关系。与拉丁美洲在特色优势领域不断深化实质性合作。

在与欧洲合作方面，构建对欧合作新格局，形成较为均衡的对欧合作态势。积极推动自然科学基金委参与擘画中欧基础科学合作议程，持续深化对欧高端政策研讨机制。参加中意、中俄、中荷、中芬、中比、中保等政府间科技联委会。

在与亚洲、非洲合作方面，全面巩固与亚非资助机构的高层交流互访，深化拓展合作内容，继续夯实与日本、韩国、以色列实质合作，拓展与斯里兰卡等国家的合作。参加中以、中蒙等政府间科技联委会。

在与国际组织合作和多边机制方面，发挥全球研究理事会、科学欧洲、联合国环境规划署、国际农业研究磋商组织、国际应用系统分析学会、亚洲研究理事会主席会议、贝尔蒙特论坛等国际组织及多边机制作用，加强高层政策研讨与战略对话，支持面向全球挑战的中外联合研究和人才培养，以更积极有为的姿态参与全球科技治理和多边联合资助。

在与国内港澳台地区合作方面，深刻领会中央对港澳台工作的重大部署，坚持贯彻“一国两制”方针，推进港澳科技力量加速融入国家发展大局，推动两岸融合发展。精心安排高层互访，积极参加“内地与香港”“内地与澳门”科技合作委员会会议。与港澳合作机构逐步完善学术研讨会布局，增加资助数量并向青年科研人员倾斜。与台湾合作机构继续组织线上学术研讨会。

积极推进中德科学中心职能转型，加强中国和德国双方战略合作；进一步发挥在青年人才培养方面的独特作用，试点资助中国优秀本科生赴德交流。

全年接待美国、德国、加拿大、瑞士、瑞典、日本、韩国、新西兰、马耳他等国家，以及中国香港、澳门地区的资助机构或科学组织高层来访 29 次，各层次来访共计 93 次。自然科学基金委领导率团访问英国、德国、法国、瑞士、土耳其、比利时、荷兰、新西兰等国家，以及中国香港、澳门地区，极大深化了双（多）边关系和科技务实合作。深入挖掘双（多）边合作渠道与合作潜力，推动构筑基础研究国际合作平台，与美国、德国、英国、日本、以色列以及金砖国家等国家的资助机构或国际组织开展互动交流，开展国际（地区）合作研究与交流项目资助，接收申请 3 987 项，资助 654 项。

三、聚焦可持续发展，推动双（多）边国际交流与合作

积极推进可持续发展国际合作科学计划实施，持续围绕国家战略需求做好顶层设计，明确战略导向，注重实施机制、强化场景驱动，开启该计划的第二轮联合资助工作。开拓了与国际科学组织进行战略对接和联合资助的新合作模式，资助领域从“表层地球系统科学”扩展至“生态系统安全”，接收申请 200 项，资助培育项目、重点项目 40 项，直接费用 5 863 万元。

深度参与联合国气候变化框架公约（UNFCCC）谈判。中国 21 世纪议程管理中心聚焦可持续发展，牵头技术议题谈判并担任“77 国集团 + 中国”协调员、联合国技术执行委员会（TEC）委员，为迪拜气候大会（COP28）成果达成作出贡献。深入参与以碳捕集利用与封存（CCUS）技术为重点的清洁能源部长级会议（CEM）、创新使命部长级会议（MI）等多边机制会议。积极推动促进中美 CCUS 技术交流与合作，设计中美气候变化“二轨对话”合作机制并组织 CCUS、甲烷减排等一系列技术研讨活动，推进中法碳中和中心筹建等。与国际能源署（IEA）、全球碳捕集研究院（GCCSI）开展联合研究，合作编写《中国二氧化碳捕集利用与封存（CCUS）年度报告（2023）》。积极打造可持续发展南南合作平台，牵头成立“一带一路”低碳技术创新与转移联盟，实施“中非可再生能源技术转移能力合作项目”，成果丰硕。

四、典型成果

患者来源类器官揭示肝癌药物蛋白质基因组学特征的研究

单纯基因组学研究揭示了肝癌的遗传变异谱及其广泛的异质性，但存在较大局限。进一步实现肝癌精准用药疗效预测，建立能够复刻肿瘤分子分型特征的临床前模型以及获取相应的药物组学信息，是当前肝癌转化医学和药物开发的前沿难题之一。

为了解决上述前沿难题，在自然科学基金委［组织间国际（地区）合作研究项目81961128025、重点项目82130077］等资助下，复旦大学高强教授、中国科学院上海药物研究所周虎教授与美国贝勒医学院分子与人类遗传中心章冰（Bing Zhang）教授合作，构建了65个肝癌患者来源类器官模型，进行了全面的药物蛋白质基因组学分析，并基于蛋白质组学的特征建模重现了肝癌组织的蛋白质基因组学分子分型，确认了类器官模型整合多组学数据驱动肝癌治疗靶标发现的可行性，实现了药物反应的高精准预测并评估了潜在的药物联合治疗方案，为临床患者选择和药物联合治疗提供了指导（图4-1-1）。

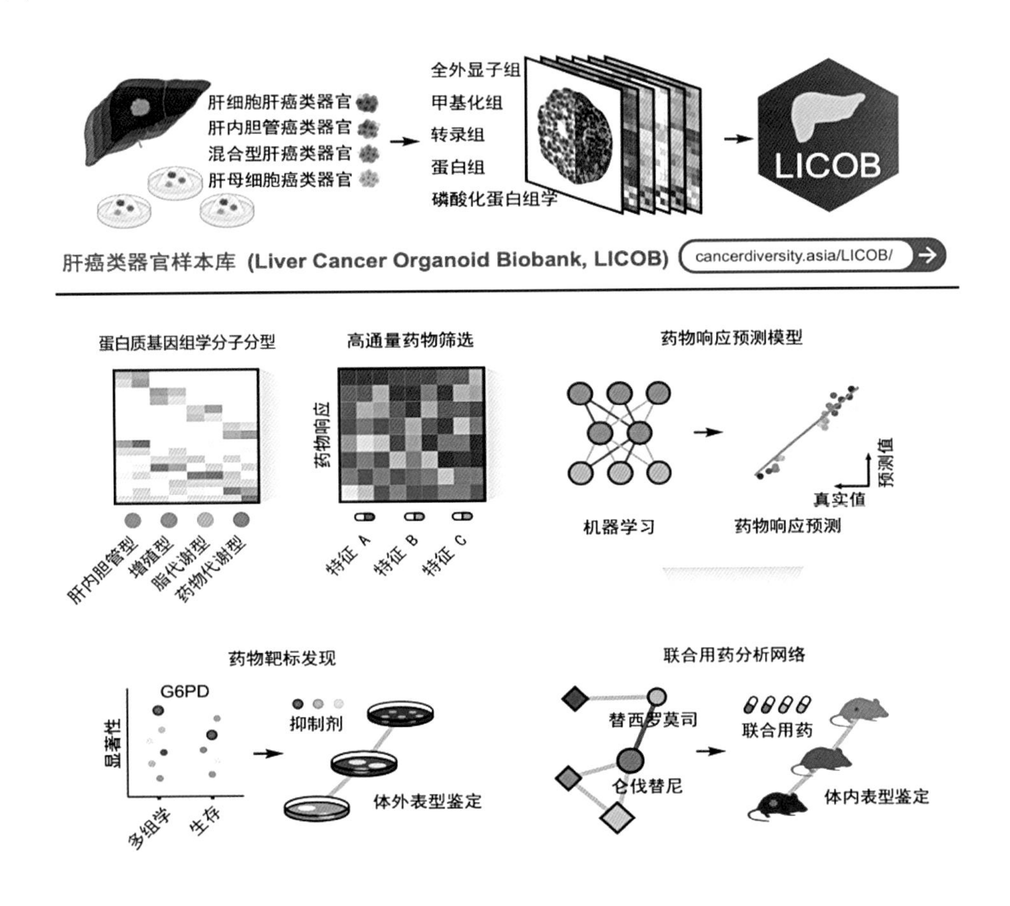

图4-1-1　肝癌类器官模型的建立及药物蛋白质组学分析

相关成果以“Pharmaco-Proteogenomic Characterization of Liver Cancer Organoids for Precision Oncology”为题，发表在 *Science Translational Medicine* 上。该研究是国际上首次应用大样本量肝癌类器官药物多组学的研究，所产生的药物蛋白质基因组数据可充分服务于生物医学、转化研究和临床探索，有助于推动功能性精准医学的临床转化。

温和条件下铜催化甘油酮碳原子全利用及甲酰胺合成

甲酰胺是一类重要的含氮化学品，在合成化学和药物化学中具有广泛的应用，但其工业生产需要使用有剧毒的 CO，存在严重的安全隐患。因此，发展新的更为安全且可持续的甲酰胺合成方法是该领域研究的重要内容。

在自然科学基金委［组织间国际（地区）合作研究项目 21961132025］的资助下，中国科学院兰州化学物理研究所石峰研究员与德国莱布尼茨催化研究所安格利卡·布吕克纳（Angelika Brückner）教授和亚博尔·拉贝赫（Jabor Rabeah）博士合作，通过以离子交换法制备的 CuZr/5A 为催化剂、H_2O_2 为氧化剂，在 50℃ 条件下，实现了以生物基甘油酮碳原子全利用为羰基源与胺合成甲酰胺的反应，成功制备了一系列不同结构的二级和三级甲酰胺。相关成果以“Cu-Catalysed Sustainable Synthesis of Formamide with Glycerol Derivatives as a Carbonyl Source Via a Radical-Relay Mechanism”为题，于 2023 年 1 月 23 日在线发表在 *Green Chemistry* 上。

甘油酮 C—C 键选择性、连续性断键原位构建含羰基中间体是以甘油酮为羰基源制备甲酰胺产物的关键步骤。一系列单金属 Cu/5A 和双金属 CuM/5A（M = Ni、Zr、Ag、Pd、Rh）催化剂筛选结果表明，CuZr/5A 催化剂对甘油酮和苯胺的 *N*- 甲酰化反应显示出了最好的催化活性。在 50℃ 和催化剂用量仅为 5 mg 的条件下，目标甲酰胺产物的收率可以达到 90%。XRD、XPS、NH_3-TPD、EPR、HAADF-STEM 等多种催化剂表征结果揭示，活性催化剂 CuZr/5A 中的 Cu 以高分散的 Cu^{2+} 形式存在，而 Zr 主要以分散的 Zr^{4+} 形式存在。Operando ATR-FTIR 实验揭示，甘油酮 C—C 键断键生成了乙醇酸和甲酸反应中间体。EPR 自选捕获实验结果表明，•OH 自由基是甘油酮 C—C 键断键生成乙醇酸和甲酸的关键。催化剂活化 H_2O_2 和控制实验结果表明，第二金属 Zr 的引入能够促进 •OOH 自由基的选择性生成和 C_2 中间体乙醇酸的 C—C 键断裂。因此，团队推测了甘油酮和苯胺的反应是双自由基接力调协的过程，即先由 •OH 自由基进攻甘油酮切断 C—C 键产生乙醇酸和甲酸，随后由 •OOH 自由基进攻乙醇酸切断其 C—C 键产生 C_1 中间体（图 4-1-2）。

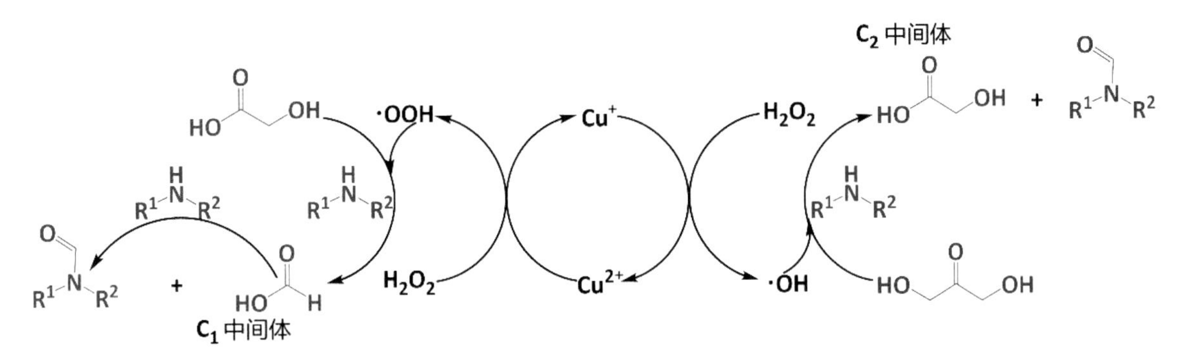

图 4-1-2　铜催化甘油酮碳原子全利用合成甲酰胺双自由基接力反应机制

通过农业氮素管理实现联合国 2030 可持续发展目标的协同

在自然科学基金委［组织间国际（地区）合作研究项目 42261144001］的支持下，浙江大学谷保静教授团队与英国、德国、荷兰、奥地利、澳大利亚等国际合作团队共同在农业可持续性和氮污染减缓领域取得显著进展。相关成果在两篇重要论文中发表。

第一篇论文以“Cost-Effective Mitigation of Nitrogen Pollution from Global Croplands”为题，于 2023 年 1 月 4 日发表在 *Nature* 上。研究通过对全球耕地氮污染进行深入分析，提出了一系列成本效益的减缓策略，如改进施肥方法和调整种植结构等（图 4-1-3）。研究还强调了技术创新和全球合作在解决耕地氮污染问题中的重要性，提出了可行的政策建议，促进了氮循环管理和环境保护。研究识别了可显著减少耕地氮排放的关键措施，同时提高了作物产量和氮利用效率；提出了氮信用系统（NCS）等创新政策建议，促进了这些措施的实施。研究成果对指导全球农业生产实践、减少环境污染、提高食品安全和维持生态平衡至关重要，为全球可持续农业和环境保护作出了重要贡献。

第二篇论文以“Ageing Threatens Sustainability of Smallholder Farming in China”为题，于 2023 年 2 月 22 日发表在 *Nature* 上。研究深入探讨了中国人口老龄化对小农户农业可持续性的影响，为该领域面临的社会经济和环境挑战提供了见解。研究不仅识别了中国小规模农户面临的例如人口老龄化导致的劳动力短缺和农业知识丧失等关键问题，还揭示了这些问题如何影响农业生产效率和可持续性，具体影响路径如图 4-1-4 所示。研究指出，人口老龄化导致农场规模减小、农业投入减少，从而影响农民的收入和环境。因此，提出了过渡到新型农业模式的建议，以逆转人口老龄化的负面影响。研究强调了制定适应性政策的必要性，如应加强农业技术支持和为年轻农民提供激励措施，以保持农业活力并促进生态农业。研究成果对政策制定者、农业扶持项目设计者和农业科技研发团队具有重要启示，有助于应对中国及其他面临类似挑战国家的农业可持续性问题。

团队通过这些研究，展示了如何有效应对农业氮污染和人口老龄化对农业可持续性的影响，强调了全球视角下综合解决方案产生的必要性，为解决全球农业和环境面临的挑战提供了重要的理论支持和实践指导。

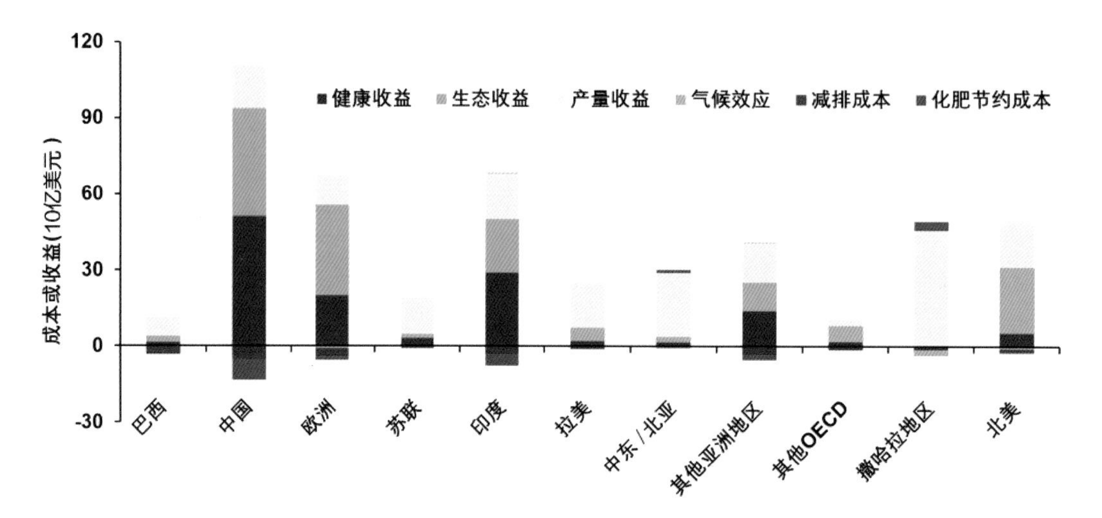

图 4-1-3　全球农田氮素污染减排的成本收益分析

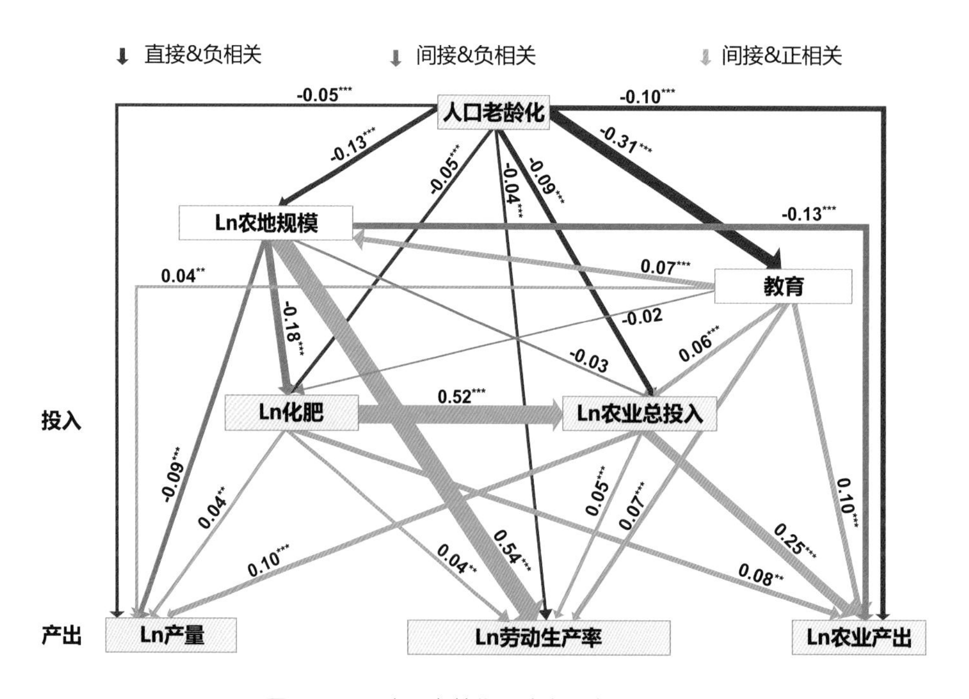

图 4-1-4　人口老龄化影响农业生产的路径

原子层厚度的二维半导体中超快激子流体

在自然科学基金委（外国资深学者研究基金项目 12250710126）资助下，清华大学熊启华教授团队和新加坡南洋理工大学以及新加坡国立大学的国际合作团队首次在基于原子层厚度二维半导体 MoS_2 中发现超快激子流体以 ~6% 光速进行传播，且传播距离至少在 60 μm。相关成果以“Ultrafast Exciton Fluid Flow in an Atomically Thin MoS_2 Semiconductor”为题，于 2023 年 7 月发表在 *Nature Nanotechnology* 上。

半导体中的激子，即电子－空穴对会由于库伦相互作用而形成束缚态。这种“类氢”准粒子因其偶极矩特性和库伦相互作用，往往表现出令人惊讶的非线性特性。MoS_2 作为一种新型的二维半导体材料，表现出了独特的光学、电学等特性（如单层直接带隙发光、自旋－能谷锁定等），在光子学和光电子学领域具有广泛应用。激子寿命一般为皮秒 / 纳秒量级。同时，泵浦光处的高浓度会驱动激子向外扩散（diffusion），考虑其有限的寿命和扩散系数，一般激子的扩散长度仅为百纳米量级。该研究表明，六方氮化硼包覆的二维 MoS_2 单层稳态发光谱主要以中性激子和带电激子为主，通常情况下，仅在激光光斑处能观测到荧光，如图 4-1-5（a）所示。当施加一个负的背栅电压时，带电激子发光被抑制。当温度降到 150 K 以下时，样品的荧光不仅来自激发光斑的位置，整个 MoS_2 样品都会产生均匀且明亮的荧光，如图 4-1-5（b）所示。泵浦－探测超快光谱测量表明，激子流体以 ~1.8×10^7 m/s 速度（~6% 的光速）在超长距离上以一种集体行为（collectively）的方式传播，如图 4-1-5（c）所示。若保持温度不变，当栅极电压由 +20 V 逐渐降低至 −60 V 时，整个样品会被突然“点亮”，可清楚显示激子液体传播的激子密度和背栅电压的“阈值”特性。这表明，激子在有限的寿命里会迅速以类“弹道输运”的方式传播到整个样品全域。这是迥异于激子扩散的传播方式。同时，研究还发现了 1~2 个毫电子伏特的激子共振的蓝移，为解释激子流体超快输运的驱动力提供了一个有力的证据。

流体流动源于激子和自由载流子的混合相中强烈的多体相互作用（图 4-1-6），这些相互作用由激光功率和栅极电压调控。大多数实验观测与理论模拟支持的流体力学描述是一致的。然而，该研究的结果也表明，需要更进一步的研究来定量阐明导致激子流体超快和远程传播的物理机制。该研究的发现对超快激子介导的光开关、激子谷霍尔器件和片上激子电路具有重要意义。

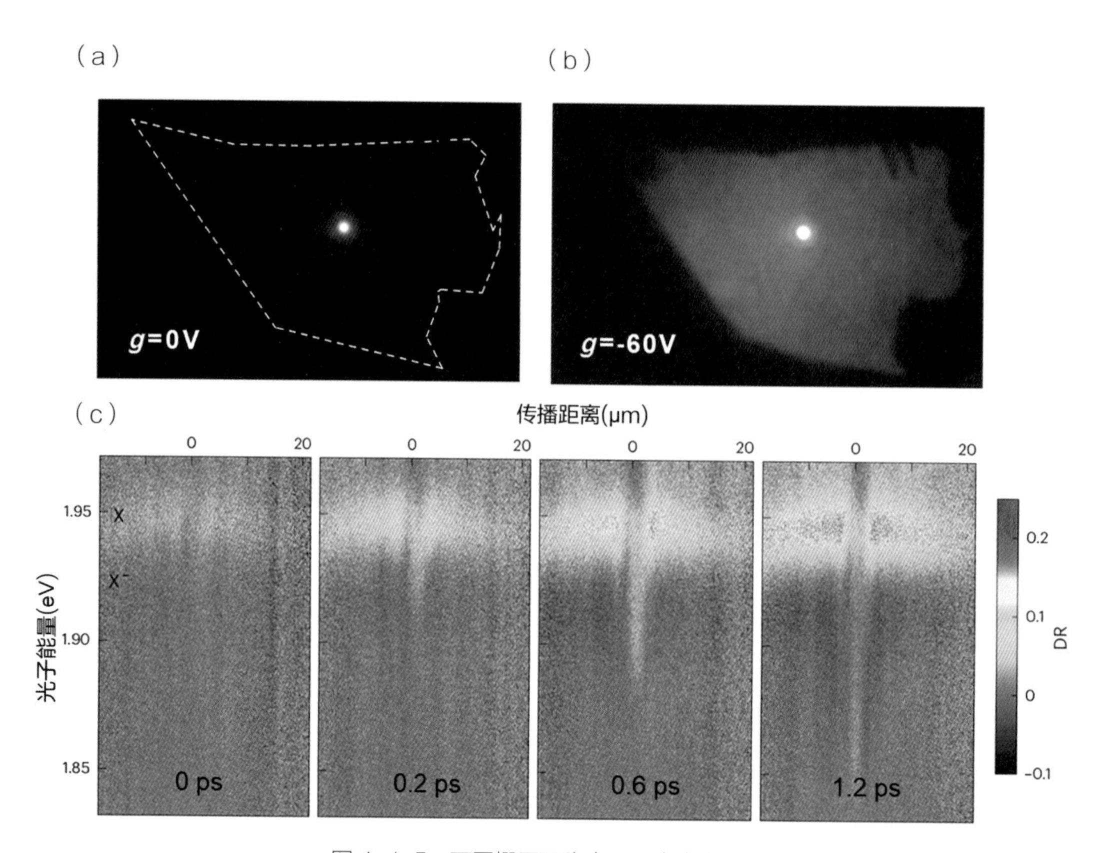

图 4-1-5　不同栅压下稳态和瞬态光谱响应

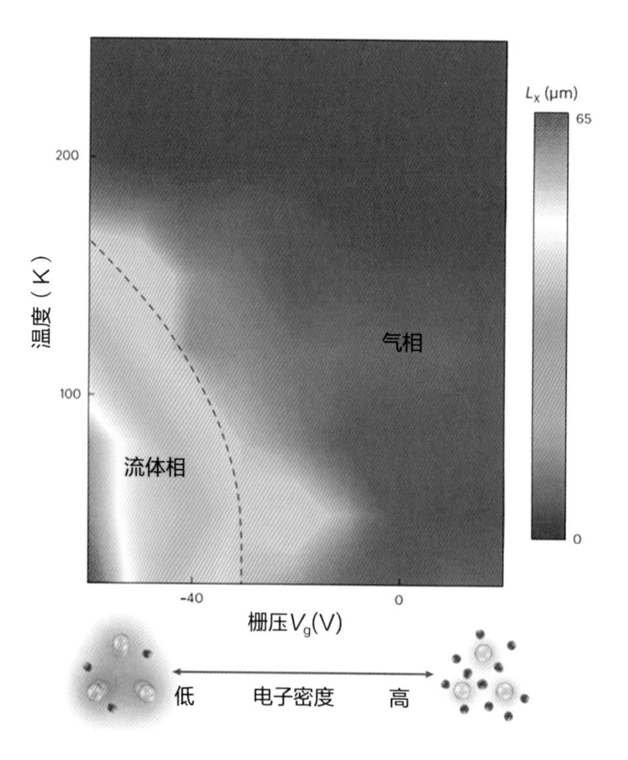

图 4-1-6　激子流体传播及其相图

星光与早期黑洞：研究者探测到宇宙初期类星体所在的宿主星系

近年来，超大质量黑洞的观测吸引了天文学家的广泛关注。2020 年的诺贝尔物理学奖就授予了那些通过观测银河系中心恒星的运动来证实超大质量黑洞存在的研究。尽管如此，超大质量黑洞的起源仍是一个未解之谜。研究表明，在宇宙诞生初期不到 10 亿年的时间里，就已存在数十亿太阳质量的黑洞。然而，当宇宙还很年轻时，这些黑洞是如何迅速增长到如此规模的。更引人关注的是，通过观测局部宇宙发现，超大质量黑洞的质量与其所在的庞大星系之间存在明显的关联。由于这些星系和黑洞的尺寸截然不同，因此我们面临一个宇宙尺度上的问题：在演化过程中，是黑洞先增长还是星系先增长？

在自然科学基金委（外国学者研究基金项目 12150410307）资助下，北京大学尾上匡房研究员和日本宇宙物理与数学卡夫利研究所（Kavli IPMU）丁旭恒研究员带领的国际研究团队通过詹姆斯 • 韦伯空间望远镜（James Webb space telescope，JWST）（图 4-1-7）回答了这个问题。JWST 是美国国家航空航天局（NASA）、欧洲航天局（ESA）和加拿大航天局（CSA）合作研发的口径 6.5 m 的太空望远镜，于 2021 年 12 月发射。

类星体极为明亮，而其宿主星系则相对暗淡，这让研究人员难以在遥远的距离上从类星体的强光中检测到星系的微弱光线。团队使用 JWST 观测了两个类星体 HSC J2236+0032 和 HSC J2255+0251，它们的红移值分别为 6.40 和 6.34，当时宇宙的年龄约为 8.6 亿年。这两个类星体最初由 8.2 m 斯巴鲁（Subaru）望远镜的广域巡天发现，目前该研究团队已确认了 160 多个类星体。这些类星体相对较低的亮度使它们成为测量宿主星系特性的理想目标，并且成功检测到的宿主星系代表了迄今在类星体中检测到星光的最早时期。

两个类星体的图像由 JWST 的近红外相机（NIRCam）在 3.56 μm 和 1.50 μm 的红外波长下拍摄得到（图 4-1-8）。通过精心建模和去除黑洞吸积的强光后，宿主星系变得清晰可见。HSC J2236+0032 的光谱也在 JWST 的近红外光谱仪（NIRSpec）下观测到，这进一步证实了对宿主星系的检测。团队发现，黑洞质量和宿主星系质量之间的关系与我们在局部宇宙中所见的相似。这一结果表明，在宇宙大爆炸后的 10 亿年内，黑洞与其宿主星系之间的关系可能已经建立。

相关成果以 “Detection of Stellar Light from Quasar Host Galaxies at Red Shifts Above 6” 为题，于 2023 年 6 月 28 日发表在 *Nature* 上。

图 4-1-7　詹姆斯·韦伯空间望远镜

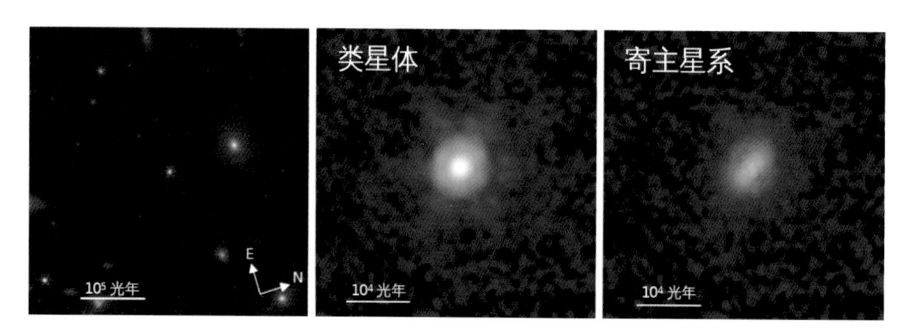

图 4-1-8　JWST NIRCam 3.6 μm 观测到的 HSC J2236+0032，从左到右分别是 JWST 的类星体所在视场图、类星体图以及摘除类星体后呈现出的寄主星系图

《中国二氧化碳捕集利用与封存（CCUS）年度报告（2023）》

随着全球气候危机的日益严峻，控制和减少温室气体排放已成为迫在眉睫的全球性任务。碳捕集利用与封存（carbon capture，utilization and storage，CCUS）作为一种减缓气候变化和保障能源安全的关键技术手段，在国际上受到了普遍关注。中国 21 世纪议程管理中心积极落实与全球碳捕集与封存研究院（GCCSI）签署的合作备忘录，共同开展了《中国二氧化碳捕集利用与封存（CCUS）年度报告（2023）》（以下简称《报告》）（图 4-1-9）编制工作。编写组深入调研、分析了二氧化碳在捕集、运输、利用、封存各环节技术的国内外成熟度，以

图 4-1-9 《中国二氧化碳捕集利用与封存（CCUS）年度报告（2023）》封面

及 CCUS 技术在电力、钢铁、水泥、化工、油气等关键行业的部署情况，厘清了 CCUS 技术在不同行业中的应用特点和发展趋势，对“碳中和”目标下我国 CCUS 政策环境进行了系统评估，厘清了我国当前阶段 CCUS 发展的政策框架（图 4-1-10），提出了“双碳”目标下 CCUS 技术减排需求与潜力预测，取得了相关技术发展部署信息的全方位掌握与独有研究资源掌握。《报告》于 2023 年 7 月 14 日正式发布，为推动我国“双碳”进程提供了有益参考。

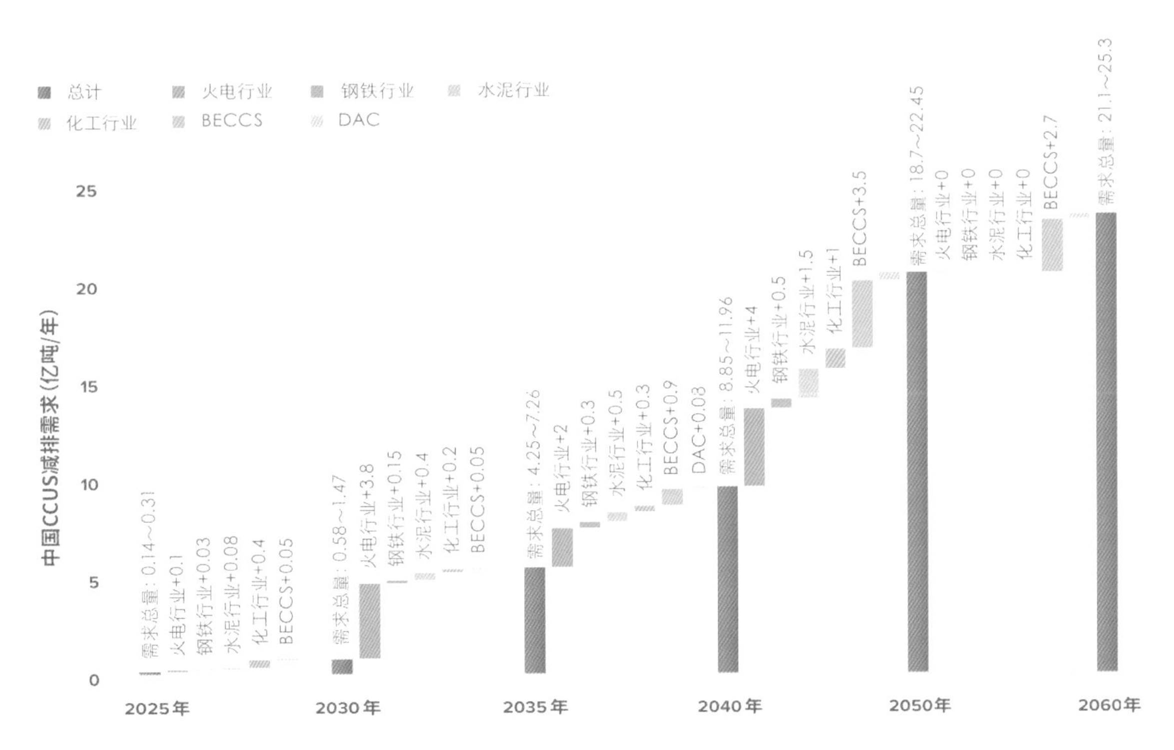

图 4-1-10 “双碳”目标下我国分行业 CCUS 减排需求

第五部分
科研诚信建设

NSFC

自然科学基金委按照中共中央办公厅、国务院办公厅《关于进一步加强科研诚信建设的若干意见》《关于进一步弘扬科学家精神 加强作风和学风建设的意见》《关于加强科技伦理治理的意见》的具体部署，加强学风建设和科研诚信与伦理建设，深入实施国家自然科学基金学风建设行动计划，持续完善“教育、激励、规范、监督、惩戒”科学基金学风建设体系，深入开展评审专家被“打招呼”顽疾专项整治，不断促进风清气正的科研生态。

一、严肃惩戒典型“请托、打招呼”案件

一是加强正面引导。发布《国家自然科学基金项目评审请托行为禁止清单》，对科研人员、依托单位、评审专家、自然科学基金委工作人员等“四方主体”明确 24 项禁止行为。将抵制“打招呼”纳入科研诚信宣讲的核心内容，制作抵制“打招呼”宣传动画片，通过多种方式维护科学基金评审的公平、公正。加强相关规章制度解读，在《科技日报》头版刊发《国家自然科学基金项目科研不端行为调查处理办法》的修订解读，并在中央纪委国家监委驻科学技术部纪检监察组网站上进行了转载和宣传，广泛释放坚决严肃查处“打探、打招呼、请托、贿赂、利益交换等”不端行为的强烈信号。二是完善极限防守。在评审会开幕式上重点强调防范评审专家被“打招呼”专项整治工作要求，在所有评审会议现场放置《国家自然科学基金项目评审请托行为禁止清单》易拉宝宣传材料，并制作成宣传视频在会议间歇期间循环播放。三是严肃惩戒“打招呼”案件。在中央纪委国家监委驻科学技术部纪检监察组指导下，将涉及“打招呼”的科研不端行为举报问题线索列为重点查办案件。已完成近百件“打招呼”举报案件的核查工作，对查实的“打招呼”行为重点查办案件，坚决以零容忍的态度对责任人做出严肃惩戒，有效发挥震慑效应。

二、全面开展科研诚信教育和宣传

一是丰富宣传形式。组织出版编撰《科研诚信规范手册》和《科研规范与科研诚信教育概论》；针对经常发生的抄袭剽窃，重复申请，伪造篡改，第三方服务，虚假信息，请托、打招呼等科研不端行为，发布了六部警示教育动画片。二是覆盖四方主体。通过依托单位培训会、地区联络网会议、自然科学基金委新进工作人员培训会以及依托单位的学风与科研诚信讲座，对依托单位科研管理人员、自然科学基金委新进工作人员以及科研人员开展科研诚信、科技伦理和经费使用规范的宣传教育。三是加强警示教育。在自然科学基金委官网公布作出通报批评处理的 34 位责任人的严重违规行为，通过典型科研不端行为案例开展警示教育。四是加强交流协作。与中国科学技术协会等八部门联合印发《2023 年全国科学道德和学风建设宣传

教育工作要点》，积极参与科学道德和学风建设宣传工作。在中国 – 瑞士科研诚信研讨会等国内外科研诚信学术交流中宣传科学基金科研诚信建设的创新举措和取得的成绩。五是进一步压实依托单位主体责任，在科学基金项目指南和科研诚信宣讲时强调依托单位在科学基金科研诚信建设中的主体责任与关键作用。

三、稳步推进科学基金关键环节的主动监督

一是认真做好项目申请相似度检查。基于相似度检查结果对申请书高相似度案件开展调查。2023 年共立案调查 94 件高相似度案件，并对相关责任人做出了严肃处理。二是强化评审纪律。在会议评审前发送《国家自然科学基金项目会议评审项目答辩人提醒函》《国家自然科学基金项目会议评审专家履职尽责提示函》，提醒答辩人和评审专家切实履行《承诺书》承诺。会议评审前召开科学基金项目评审工作动员部署会议，强调以严谨认真的工作作风来守护科学基金的科学性和公正性，扎实做好项目评审工作，持续提升科学基金资助效能。三是加强驻会监督。完成对九个科学部的国家杰出青年科学基金项目、优秀青年科学基金项目、重点项目、面上项目、青年科学基金项目、地区科学基金项目、国家重大科研仪器研制项目以及部分联合基金项目的驻会监督工作，共计 38 个评审会，覆盖 354 个评审组。会议评审结束后对参会专家开展公正性调查，调查表明会议评审专家的公正性获得普遍认可。四是严肃开展拟资助项目联合惩戒诚信审核。在科学基金项目审批前对拟批准项目的申请人、参与者、依托单位和合作研究单位开展联合惩戒诚信审核，对发现存在诚信问题且处于处罚期内的个人和单位一票否决，确保记入科研诚信严重失信行为数据库的责任主体在处罚期内不承担或不参与科学基金项目。五是定期开展科学基金评审专家库诚信审核。2023 年科学基金项目集中接收期后以及第三季度，两次开展评审专家库联合惩戒诚信审核，确保存在违法犯罪、抄袭剽窃、伪造篡改等严重失信行为记录的人员不得参与科学基金项目评审。

四、持续加大科研不端行为的查处力度

2023 年共收到各类涉及科研不端行为的投诉举报案件 575 件。2023 年度先后召开两次监督委员会全体委员会议，对投诉举报问题线索的调查情况进行审议；经委务会审定，对 199 个案件中的 331 位责任人和 6 家依托单位做出处理。其中，给予 48 位责任人通报批评，45 位责任人内部通报批评；给予 1 家依托单位通报批评，3 家依托单位警告，2 家依托单位批评教育；永久取消 2 位责任人国家自然科学基金项目评审资格及申请和参与申请资格；取消 162 位责任人 1~7 年项目申请或评审资格；撤销获资助国家自然科学基金项目 51 项；撤销国家自然科学基金项目申请 90 项。

五、切实推进科技伦理建设

深入贯彻落实中共中央办公厅、国务院办公厅印发的《关于加强科技伦理治理的意见》，制定工作方案，明确各部门的分工责任及工作要求。进一步加强科学基金科技伦理宣传，引导项目负责人严格按照科技伦理审查批准的范围开展研究，加强对团队成员和项目研究实施全过程的伦理管理。进一步加强科学基金科技伦理监管，在项目指南编制、评审、监督等环节完善伦理相关要求，充分发挥依托单位主体作用，共同形成防范科技伦理风险的管理合力。

六、扎实开展项目资金监督检查

一是研究制定《2023 年度国家自然科学基金资助项目资金监督检查实施方案》。分别召开广东省、四川省和河北省国家自然科学基金项目资金监督检查进场会，随机抽取三省 102 家依托单位的 889 个项目开展资金监督检查，涉及金额共计 73 945.50 万元。已完成现场实地监督检查，并形成监督检查报告。二是切实做好科学基金项目经费监督检查“后半篇文章”。针对 2022 年开展的贵州省国家自然科学基金项目经费监督检查，以“查得出、改得好”为目标，压实整改责任，追回违规使用资金约 150 万元，对贵州省 15 家依托单位发出整改意见函，指明整改要求并限期完成整改工作，通过抓好整改推进工作，切实推动监督检查整改成果转化为科学基金资助效能的提升。三是严肃查处项目资金相关举报问题线索。2023 年共收到与项目资金相关的投诉举报案件 50 件，强化审限意识和效率意识，追回违规使用资金 83.12 万元，给予 3 家单位警告，给予 2 人内部通报批评、2 人警告、2 人批评教育，取消 3 人项目申请和参与申请资格 1~5 年。四是完成“经责审计”专项问题线索的查处工作。针对审计署移交的“经责审计”发现的 8 家依托单位的问题线索，与相关单位逐一核查认定，按程序追回 8 家涉事单位违规资金 804.03 万元，给予其中 5 家依托单位警告，对 8 家依托单位下发整改意见函并责令整改，相关单位已按期完成整改。

第六部分 组织建设

NSFC

一、组织机构与队伍建设

（一）组织机构图

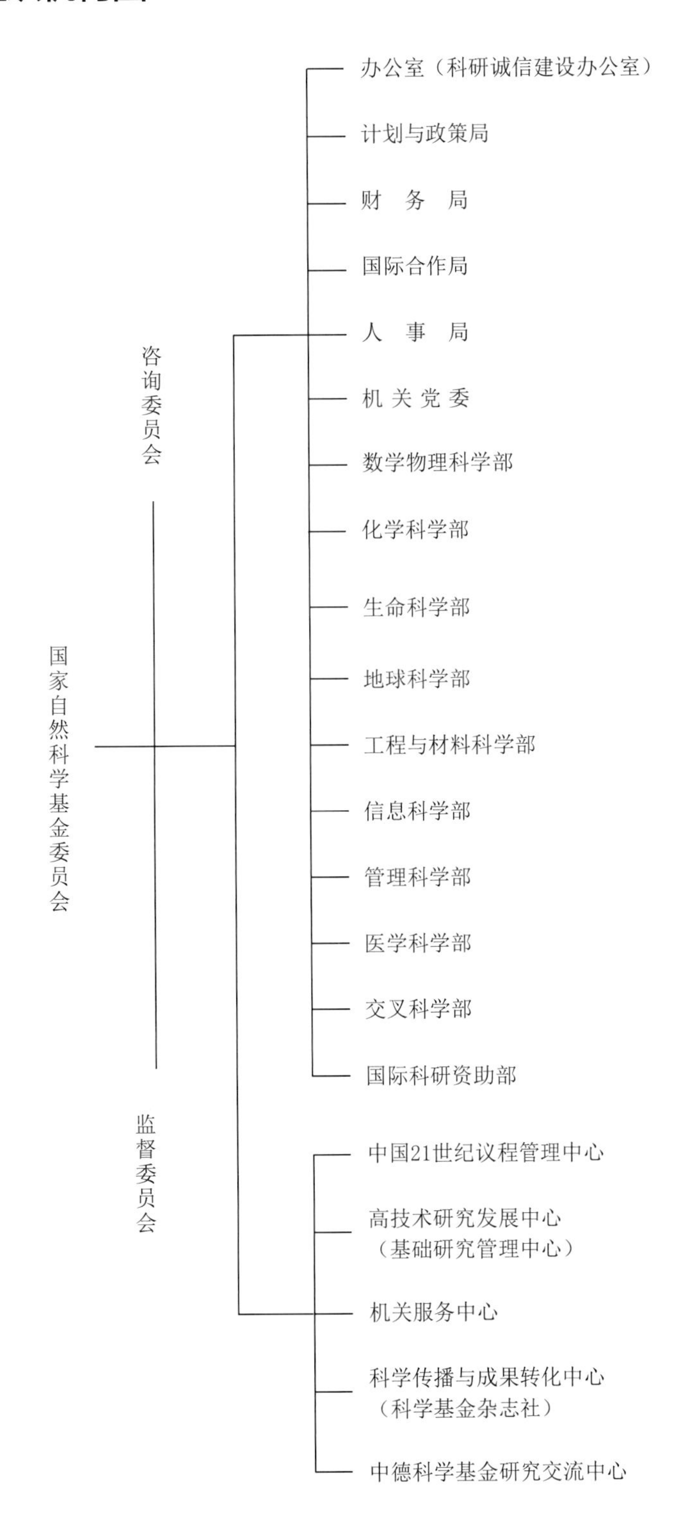

（二）第九届国家自然科学基金委员会委员名单

主　任: 窦贤康

副主任: 王希勤　陆建华　张学敏　江　松　于吉红　韩　宇（兼秘书长）　兰玉杰

委　员（按姓氏笔画排序）:

马宏兵　王恩哥　卞修武　朱日祥　刘昌胜　刘泽金　吴　岩　吴曼青　沈竹林
陈　杰　罗　晖　席振峰　黄海军　曹晓风　常　进　谢　毅　潘爱华

（三）第六届国家自然科学基金委员会监督委员会委员名单

主　任: 陈宜瑜

副主任: 何鸣鸿　邵　峰　孙昌璞

委　员（按姓氏笔画排序）:

王红艳　王均宏　王坚成　王国豫　王跃飞　田志喜　刘　明　祁　海　严景华
杨　晓　吴福元　张宏冰　陈信元　周　翔　郑永飞　赵栋梁　姚祝军　高　翔
郭建泉　崔　翔

（四）人员基本情况

1. 机关在编人员情况

自然科学基金委机关编制 309 人，截至 2023 年 12 月 31 日，在编职工 239 人，其中，男性 137 人，女性 102 人；专业技术人员（含任职资格）224 人。在编人员的平均年龄为 43.6 岁。相关情况如图 6-1-1 至图 6-1-4 所示。

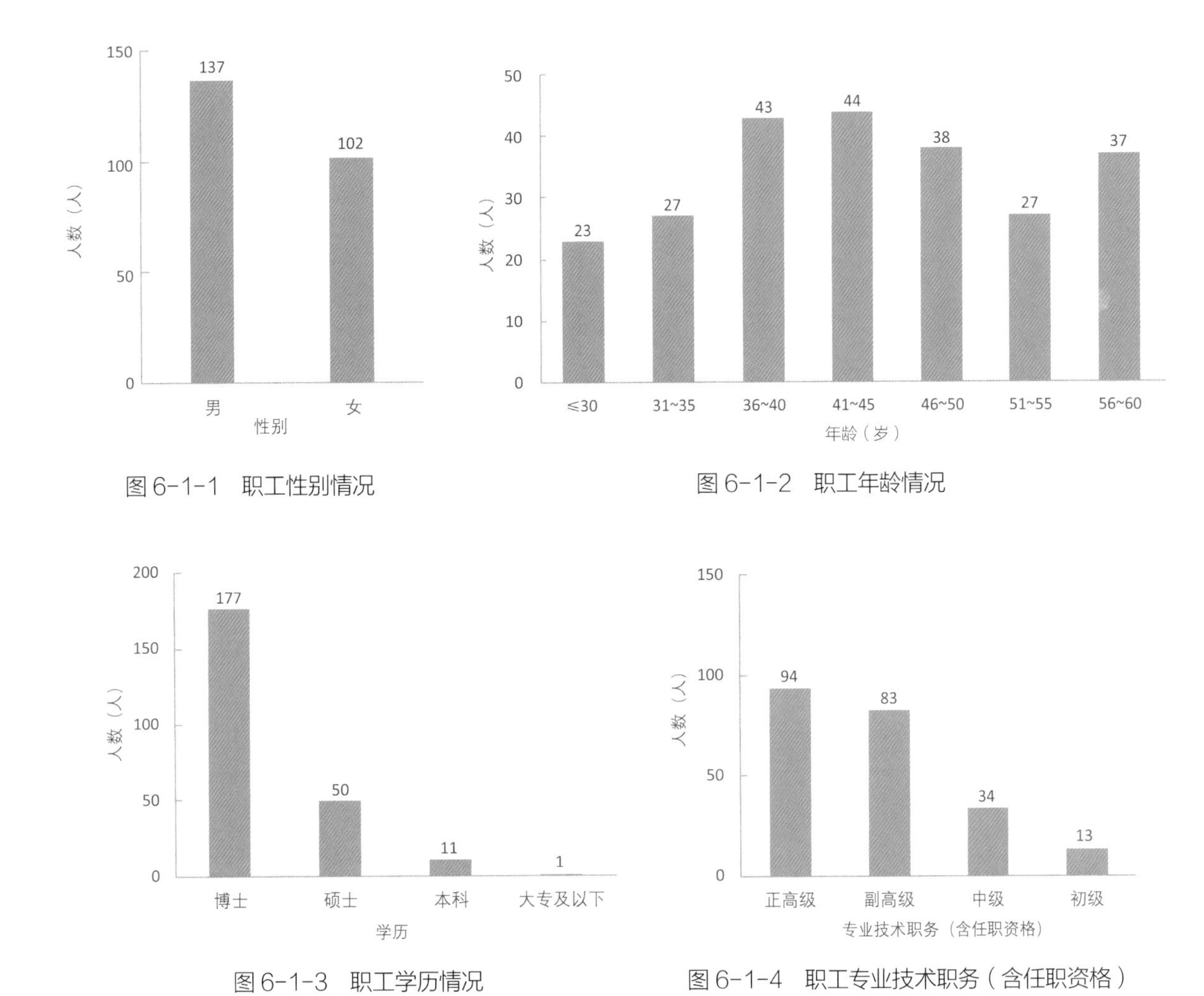

图 6-1-1　职工性别情况

图 6-1-2　职工年龄情况

图 6-1-3　职工学历情况

图 6-1-4　职工专业技术职务（含任职资格）

2. 流动编制工作人员情况

截至 2023 年 12 月 31 日，自然科学基金委在岗流动编制工作人员 135 人，其中，博士 126 人；男性 99 人，女性 36 人；正高级专业技术人员 66 人，副高级专业技术人员 60 人。

（五）内设机构和直属单位领导名单

内设机构领导名单（截至 2023 年 12 月 31 日）

单　位	领导名单
办公室（科研诚信建设办公室）	王翠霞（女）、郭建泉、敬亚兴、张凤珠（女）、李　东（女，信息中心主任）
计划与政策局	王　岩（女）、杨列勋、姚玉鹏（兼）、范英杰（女）
财务局	王　琨（女）
国际合作局	张永涛

续 表

单　位	领导名单
人事局	吕淑梅（女）、王文泽
机关党委	朱蔚彤（女）、杨　峰、黄宝晟
数学物理科学部	陈仙辉（兼）、董国轩
化学科学部	杨学明（兼）、杨俊林、詹世革（女）
生命科学部	种　康（兼）、谷瑞升、吕群燕（女）
地球科学部	郭正堂（兼）、姚玉鹏、张朝林
工程与材料科学部	曲久辉（兼）、王岐东、苗鸿雁
信息科学部	郝　跃（兼）、刘　克、何　杰
管理科学部	丁烈云（兼）、刘作仪
医学科学部	张学敏（兼）、孙瑞娟（女）、闫章才
交叉科学部	汤　超（兼）、潘　庆
国际科研资助部	殷文璇（女）

直属单位领导名单（截至 2023 年 12 月 31 日）

单　位	领导名单
中国 21 世纪议程管理中心	柯　兵、陈其针
高技术研究发展中心（基础研究管理中心）	张洪刚、卞曙光
机关服务中心	封文安
科学传播与成果转化中心（科学基金杂志社）	彭　杰（女）、唐隆华、张志旻
中德科学基金研究交流中心	殷文璇（女，兼）

二、党的建设

2023 年，自然科学基金委坚持以习近平新时代中国特色社会主义思想为指导，扎实开展学习贯彻习近平新时代中国特色社会主义思想主题教育，深入学习贯彻习近平总书记关于党的建设的重要思想，落实新时代党的建设总要求，以党的政治建设为统领，坚定不移地推进全面从严治党。持续推进党建与业务融合发展，引导党员干部深刻领悟“两个确立”的决定性意义，不断增强“四个意识”、坚定“四个自信”、做到“两个维护”、当好“三个表率”，努力为高质量党建促进全面落实党中央赋予的时代使命、持续提升科学基金资助效能、奋力实现高水平科技自立自强提供坚强的政治保证。

（一）深刻领悟“两个确立”的决定性意义，坚决做到“两个维护”

持续深化党的政治建设。深入贯彻落实党中央重大决策部署，制定落实关于加强和维护党中央集中统一领导若干规定精神的实施方案。各级党组织认真学习贯彻党的二十大、二十届二中全会精神和习近平总书记在中共中央政治局第三次集体学习时的重要讲话精神，不断强化全委政治机关意识教育和对党忠诚教育。

履行管党治党政治责任。认真制定全面从严治党主体责任任务安排、年度党建工作要点、党风廉政建设和反腐败工作要点。及时召开党组会议、党建工作领导小组会议、全面从严治党工作会议。认真落实党组理论学习中心组学习制度，制订并执行年度学习计划，修订和制定意识形态工作相关实施方案，加强工作研判，严格落实意识形态工作责任制。自觉执行会商制度，围绕落实机构改革任务主题，会同中央纪委国家监委驻科学技术部纪检监察组召开全面从严治党专题会商会议，坚持不懈地纵深推进全面从严治党各项工作。

（二）扎实开展主题教育，切实取得实实在在的成效

强化理论学习，不断提升党员干部政治能力。深入学习习近平总书记关于主题教育系列重要讲话和重要指示批示精神，把学习贯彻习近平新时代中国特色社会主义思想作为党员干部学习教育的重中之重。党组示范引领、高位推动，认真开展党组主题教育理论学习读书班和党组理论中心组学习，党组书记、党组成员、各基层党组织书记分别为党员干部讲授专题党课，持续深化党的创新理论学习机制。全委党员干部按照主题教育理论学习“四个坚持”要求，认真研读学习书目，将党的创新理论与基金管理实践相结合，政治判断力、政治领悟力、政治执行力得到进一步提升。

注重调查研究，推动科学基金事业创新发展。聚焦党中央重大决策部署，大兴调查研究之风，扎实推进各项调研工作。结合科学基金实际，瞄准进一步加强党的建设、提升科学基金资助效能等方面，安排部署党组重大和重点调研课题。党组成员牵头，深入一线扎实开展调查研究。积极推动调研成果转化，围绕推动科学基金高质量发展，着力在支持基础研究、应用基础研究、科技创新人才培养，以及提升科学基金资助效能、营造良好科研生态等方面展现新作为。

注重深查实改，全面深化推动整改整治工作。做好主题教育整改整治任务落实和机关党建督查专项整改，构建查摆问题、研判剖析、督促整治、挂账销号的工作闭环，把“改”字贯穿主题教育全过程，通过分类整改、专项整治和联动整改，整治整改工作取得积极成效。扎实开展干部教育整顿工作，加强对年轻干部的教育管理监督，持续锻造适应新时代科技发展的高素质、专业化科学基金管理人才队伍。注重“当下改”与“长久立”，按照党中央要求制定巩固深化主题教育成果长效机制。

（三）以提升组织力为重点，不断深化党建带群建工作

锻造坚强有力的基层党组织。落实机构改革任务，按组织程序完成中国 21 世纪议程管理中心和高技术研究发展中心转隶党支部整建制转移手续。机关党委书记带队深入 2 个中心开展党建工作调研，加强对事业单位基层党组织的分类管理。开展党员干部教育培训，邀请中共中央党校、中国人民大学、浙江大学知名专家学者为全委党员干部专题授课，实现党员培训全覆盖；依托中国工程物理研究院党校举办党务干部培训班，持续提升党务干部党建业务能力。结合委内重要工作部署，各基层党支部认真开好防范评审专家被“打招呼”顽疾专项整治专题组织生活会和主题教育专题组织生活会。持续推进模范机关和“四强”党支部建设，2 个党支部被命名为新一批“四强”党支部，评选产生新一批模范机关标兵单位 1 个、先进单位 2 个。依规做好发展党员工作，严格落实基层党组织按期换届规定。组织参与新时代机关党的建设重大理论和实践问题研究，1 个党支部获评中央和国家机关优秀调研报告三等奖，1 个党支部获评机关党建研究杂志社党建研究课题三等奖。

大力加强年轻干部教育培养工作。指导各青年理论学习小组认真开展党的二十大精神和习近平新时代中国特色社会主义思想理论学习。加强年轻干部政治历练和培养，认真开展青年读书实践活动，举办青年干部学习交流分享会。积极选派青年干部参加专题培训班和科学技术部系统主题教育交流座谈会等活动。积极鼓励青年干部参加“关键小事”调研攻关活动，并获得二等奖和三等奖。结合主题教育开展“根在基层”调研活动。持续开展扣好廉洁从政“第一粒扣子”专题教育。

党建引领提升统战群团工作水平。完成九三学社支社换届工作，认真做好第十一次全国归侨侨眷代表大会代表推荐工作。通过评优推优带动岗位建功，2 个处室获评全国巾帼文明岗，1 人获评全国巾帼建功标兵，1 人获评中央和国家机关三八红旗手。积极参加中央和国家机关第二届运动会，自然科学基金委代表队荣获男子篮球丙组冠军、乒乓球丙组青年混合团体冠军和乒乓球女子单打冠军。扎实做好干部职工关爱和为民办实事解难题专项工作，一批干部职工急难愁盼问题得以有效解决。

（四）持之以恒正风肃纪，为科学基金深化改革营造良好政治生态

扎实推进主题教育专项整治工作。坚持以“小切口”推动“大整治”，深入开展防范评审专家被“打招呼”顽疾专项整治。系统梳理现行相关制度、政策和相关重点举措，形成制度汇编，精准全面实施。以多种方式组织推进，形成“正面引导、极限防守、严肃惩戒”工作机制。以“四不两直”方式加强科学基金项目评审纪律和作风监督，高效联动、依法有序推进专项整治取得明显成效，专项整治工作得到新华社、央广网、《科技日报》、《中国纪检监察报》、《中国青年报》、搜狐、腾讯等媒体的广泛宣传。

深化“三不腐”一体推进。强化不敢腐的震慑，紧盯项目管理重点岗位和关键环节，严肃查处相关案件。扎牢不敢腐的笼子，修订廉政风险防控手册，制定关于开展“一把手”述责述廉评议考核实施办法等制度文件。增强不想腐的自觉，持续推进新时代廉政文化建设，扎实开展党风廉政建设宣传教育月活动。

持续深化落实中央八项规定精神。压实“一把手”主体责任和纪检委员责任，切实加强政治教育、党性教育和作风建设，做细做实日常监督，紧盯重要节点强化“四风”纠治，强化经常性纪律教育和谈心谈话，推进作风建设常态化、长效化。结合主题教育认真开展纪检干部队伍教育整顿，着力锻造高素质纪检干部队伍。

附 录

NSFC

一、2023 年度国家自然科学基金委员会重要活动

1 月

1 月 3 日，《国家自然科学基金委员会 - 中国气象局气象联合基金协议》协议书在北京签署。自然科学基金委党组书记窦贤康，主任李静海，党组成员、副主任侯增谦、高瑞平和中国气象局党组书记、局长庄国泰，副局长毕宝贵出席签约仪式。

1 月 4 日，自然科学基金委监督委员会五届十六次全体委员会议在京召开，监督委员会主任陈宜瑜主持。监督委员会主任陈宜瑜、副主任何鸣鸿分别主持了生命医学专业委员会会议和综合专业委员会会议，党组成员、秘书长韩宇出席会议并致辞，中央纪委国家监委驻科学技术部纪检监察组副组长兰池军，第三纪检监察室主任牟亚天等通过线上方式出席会议。

2 月

2 月 20 日，自然科学基金委副主任谢心澄会见来访的澳门科学技术发展基金行政委员会主席陈允熙先生一行。

2 月 21 日，中共国家自然科学基金委员会党组会议审议通过评审专家被“打招呼”顽疾专项整治工作方案，并部署开展评审专家被“打招呼”顽疾专项整治工作。

2 月 23 日，党组书记窦贤康主持召开党组专题会议，传达学习贯彻习近平总书记在中共中央政治局第三次集体学习时的重要讲话精神。会议研究部署了持续提升科学资金资助效能工作。

2 月 24 日，自然科学基金委 2022 年度重大研究计划中期评估会议在京召开。党组书记窦贤康出席会议并讲话，党组成员、副主任高瑞平主持开幕式。重大研究计划综合评估专家组、部分指导专家组成员、管理工作组以及委内相关部门工作人员参加会议。

3 月

3 月 1 日，自然科学基金委 2022 年度基础科学中心项目延续资助评审会议在京召开。会议对 2017 年第二批试点实施且资助期满考核评估等级为优秀的基础科学中心项目进行延续资助评审。党组书记窦贤康，党组成员、副主任高瑞平出席会议并讲话。

3 月 1 日，自然科学基金委主任李静海会见巴斯夫集团研究院副总裁伯恩德·沙和伟（Bernd Sachweh）教授。

3 月 2—3 日，自然科学基金委 2022 年度重大研究计划结束评估会议在京召开。党组书记窦贤康出席会议并讲话，党组成员、副主任高瑞平主持会议，重大研究计划综合评估专家组、部分指导专家组成员、管理工作组以及委内相关部门工作人员参加会议。

3 月 14 日，自然科学基金委召开十四届全国人大一次会议和全国政协十四届一次会议精神传达会。党组书记窦贤康主持会议，第十四届全国人大常委会委员、自然科学基金委主任李静海传达十四届全国人大一次会议精神，全国政协委员、自然科学基金委副主任陆建华传达全国政协十四届一次会议精神。

3 月 16 日，国家自然科学基金 2023 年度项目资金管理研讨会在京召开。自然科学基金委党组成员、副主任高瑞平出席会议并讲话，审计署科技审计局二级巡视员李晓南、财政部科教文司科技一处处长高慧，以及来自京津冀地区近 50 家依托单位的科研和财务管理负责人出席会议。

3 月 17 日，自然科学基金委基于量子信息技术的交叉科学战略研讨会在合肥召开。党组书记窦贤康出席会议并讲话。

3 月 30 日，自然科学基金委召开 2023 年全面从严治党工作会议。党组书记窦贤康出席会议并讲话，主任李静海，党组成员、副主任高瑞平，中央纪委国家监委驻科学技术部纪检监察组副组长兰池军出席会议。

3 月 31 日，自然科学基金委与巴斯夫在北京签署合作意向书，党组书记窦贤康出席会议并致辞，主任李静海和巴斯夫集团研究院总裁德特勒夫·克拉茨（Detlef Kratz）分别代表双方在合作意向书上签字并讲话。

4 月

4 月 4 日，中共国家自然科学基金委员会党组召开专题会议，传达学习贯彻习近平新时代中国特色社会主义思想主题教育工作会议精神，对开展主题教育工作进行研究部署。党组书记窦贤康主持会议并讲话，委党组和领导班子成员参加会议。

4月12日，中共国家自然科学基金委员会党组学习贯彻习近平新时代中国特色社会主义思想主题教育动员部署会在京召开。主题教育中央第三十八指导组组长李秀领出席会议并讲话，自然科学基金委党组书记、主题教育领导小组组长窦贤康作动员讲话，自然科学基金委主任、主题教育领导小组副组长李静海出席。主题教育中央第三十八指导组副组长王炳南和有关同志，自然科学基金委党组及领导班子成员，中央纪委国家监委驻科学技术部纪检监察组副组长兰池军和有关同志出席。自然科学基金委党组成员、副主任、主题教育领导小组副组长高瑞平主持会议。

4月19日，中共国家自然科学基金委员会党组主题教育领导小组召开第一次会议。党组书记、主题教育领导小组组长窦贤康主持会议并讲话，主题教育领导小组成员、主题教育领导小组办公室成员参加会议。

4月24日，中共国家自然科学基金委员会党组学习贯彻习近平新时代中国特色社会主义思想党组主题教育理论学习读书班开班。党组书记窦贤康主持开班式并讲话，党组及领导班子成员参加学习。

4月28日，国务院任命窦贤康为第九届国家自然科学基金委员会主任；陆建华、张学敏、江松、于吉红（女）、韩宇、兰玉杰为第九届国家自然科学基金委员会副主任。

5 月

5 月 4—21 日，自然科学基金委先后在上海、北京、武汉举办医学科研资助需求与政策调研座谈会。党组书记、主任窦贤康出席并主持调研活动，党组成员、副主任张学敏，党组成员高瑞平参加调研。来自全国各高校和科研院所的 170 余位生命医学领域专家，围绕医学领域重点资助方向、完善医学人才培养机制、提升科学基金资助效能、科学研究资助管理政策和重大科学问题的凝练机制等方面进行了深入交流。

5 月 5 日，自然科学基金委评审专家被“打招呼”顽疾专项整治委内调研座谈会在京召开。党组书记、主任窦贤康主持会议并讲话，党组成员、副主任兼秘书长韩宇，党组成员高瑞平，中央纪委国家监委驻科学技术部纪检监察组副组长兰池军等同志出席会议。

5 月 5 日，自然科学基金委举办青年干部交流分享会。党组书记、主任窦贤康出席活动并讲话，党组成员、副主任兼秘书长韩宇出席会议。

5 月 8 日， 自然科学基金委与教育部开展工作会商，党组书记、主任窦贤康，教育部副部长吴岩出席会议并讲话。党组成员高瑞平出席会议。

5 月 12 日， 中共国家自然科学基金委员会党组主题教育理论学习读书班赴中国航发航材院开展专题学习调研。自然科学基金委党组书记、主任窦贤康，中国航发航材院党组书记、董事长曹建国参加调研活动并讲话。

5 月 16 日， 自然科学基金委 2023 年科学基金项目评审工作动员部署会议在京召开。党组书记、主任窦贤康出席会议并讲话，党组成员、副主任陆建华主持会议，党组成员、副主任兼秘书长韩宇对“四方主体”落实好各自责任提出要求，党组成员高瑞平对 2023 年科学基金项目评审工作进行部署。党组成员、副主任张学敏、江松、于吉红、兰玉杰及中央纪委国家监委驻科学技术部纪检监察组副组长兰池军出席会议。

5 月 19 日， 自然科学基金委主任窦贤康会见马耳他共和国青年、研究与创新国务秘书基思·坦蒂（Keith Tanti）一行。自然科学基金委副主任兰玉杰、马耳他共和国驻华大使约翰·白瀚轩（John Busuttil）等参加会见。

5 月 19 日，自然科学基金委副主任兰玉杰会见韩国国家研究基金会秘书长金暎喆（Kim Yungchul）一行。

5 月 25 日，自然科学基金委副主任兼秘书长韩宇会见施普林格·自然集团首席执行官弗兰克·弗兰肯·佩特斯（Frank Vrancken Peeters）一行。

5 月 25 日，自然科学基金委化学科学部第八届专家咨询委员会第七次会议在京召开。党组成员、副主任于吉红，化学科学部主任、专家咨询委员会主任杨学明出席会议并讲话。

5 月 26 日，“中国学科及前沿领域 2035 发展战略丛书”发布会在京召开。自然科学基金委党组书记、主任窦贤康，中国科学院党组成员、副院长常进共同为丛书首批 18 个分册揭幕。自然科学基金委党组成员高瑞平主持发布会。

5 月 26 日，自然科学基金委信息科学部第八届专家咨询委员会第七次全体（扩大）会议暨科学中心评审会议在京召开。党组成员、副主任陆建华出席会议并讲话。

5 月 26 日，中共国家自然科学基金委员会党组学习贯彻习近平新时代中国特色社会主义思想党组主题教育理论学习读书班结班式在京召开，党组书记、主任窦贤康主持结班式并作总结讲话。

5 月 29 日，自然科学基金委咨询委员会 2023 年度第一次专题会议在上海召开。咨询委员会主任杨卫主持会议，党组成员高瑞平出席会议并讲话。

5 月 29 日—6 月 2 日，自然科学基金委副主任兰玉杰率团赴荷兰海牙参加全球研究理事会（GRC）第十一届年会。

5 月 31 日，自然科学基金委与国务院国有资产监督管理委员会举行工作会商。自然科学基金委党组书记、主任窦贤康和国资委党组书记、主任张玉卓出席会议并讲话。党组成员高瑞平出席会议。

6 月

6 月 1 日，自然科学基金委发布《国家自然科学基金委员会关于推广和发布基础研究科研人员标识（BRID）有关工作安排的通告》（国科金发传〔2023〕25 号），正式启用基础研究科研人员标识（Basic Researcher ID，BRID）。

6 月 2 日，国家自然科学基金对女性科研人员资助政策调研会议在京召开。全国妇联副主席、书记处书记张晓兰，中国女科技工作者协会会长王红阳出席座谈会并讲话，自然科学基金委党组成员高瑞平主持会议。

6 月 3 日，自然科学基金委交叉科学部第一届专家咨询委员会第六次会议在京召开。党组成员、副主任于吉红出席会议并讲话，交叉科学部主任、专家咨询委员会主任汤超主持会议。

6 月 13 日，中共国家自然科学基金委员会党组与中央纪委国家监委驻科学技术部纪检监察组召开 2023 年第 1 次全面从严治党专题会商会，围绕“深入学习贯彻党的二十大、二十届二中全会和全国‘两会’精神，认真落实《党和国家机构改革方案》，推动机构改革任务不折不扣落实到位”主题进行会商。中央纪委国家监委驻科学技术部纪检监察组组长高波出席会议并讲话，自然科学基金委党组书记、主任窦贤康主持会议并讲话，中央纪委国家监委第二监督检查室综合处处长、一级调研员徐敏珍到会指导，自然科学基金委党组及领导班子成员、中央纪委国家监委驻科学技术部纪检监察组副组长兰池军出席会议。

5 月 30 日、6 月 8 日和 6 月 14 日，国家自然科学基金项目资金监督检查进场会分别在广州、成都和石家庄召开。自然科学基金委党组成员、副主任兼秘书长韩宇出席会议并讲话，三个省份的科学技术厅领导及会议承办单位领导分别致辞。

6 月 19 日，自然科学基金委基础研究多元投入机制暨联合基金管理工作座谈会议在京召开。党组书记、主任窦贤康出席会议并作主题报告，党组成员高瑞平主持会议。

6 月 28 日，自然科学基金委主任窦贤康会见瑞典科研与教育国际合作基金会（STINT）执行主任安德烈亚斯·哥登博格（Andreas Göthenberg）一行，自然科学基金委副主任兰玉杰参加会见。

6 月 29 日，自然科学基金委党组书记、主任窦贤康会见香港中文大学校长段崇智一行，党组成员、副主任兰玉杰，党组成员高瑞平参加会见。

6 月 30 日，第九届国家自然科学基金委员会第一次全体委员会议在京召开。科学技术部党组书记、部长王志刚出席会议并讲话。会议审议通过了窦贤康主任所作的题为《持续完善资助体系 不断提升资助效能有力支撑高水平科技自立自强》的全委会工作报告、监督委员会陈宜瑜所作的题为《大力营造风清气正科研生态，为不断提升科学基金资助效能提供坚实保障》的报告、《国家自然科学基金委员会章程修订草案》以及《2022 年科学基金预算与资助计划执行情况及 2023 年预算与资助计划》。

7 月

7 月 4 日，中共国家自然科学基金委员会党组会议审议通过进一步加强对女性科研人员支持的建议，明确从 2024 年起，将女性科研人员申请国家杰出青年科学基金项目的年龄限制由 45 周岁放宽到 48 周岁。

7 月 6 日，自然科学基金委党组书记、主任窦贤康以“坚持和加强党的全面领导 切实担起新时代党中央赋予科学基金的新使命”为题，为全委党员、干部讲授主题教育专题党课。主题教育中央第三十八指导组组长李秀领、副组长王炳南及指导组全体同志，中央纪委国家监委驻科学技术部纪检监察组副组长兰池军等到会指导。自然科学基金委党组及领导班子成员出席活动，党组成员、副主任兼秘书长、机关党委书记韩宇主持活动。

7 月 12—14 日，自然科学基金委 2023 年度外国优秀青年学者研究基金项目、外国资深学者研究基金项目评审会议在京召开。党组成员、副主任兰玉杰出席会议并讲话。

7 月 19 日，自然科学基金委主任窦贤康会见美国中华医学基金会（China Medical Board）新任主席罗杰·格拉斯（Roger Glass）一行。

7 月 25 日和 28 日，自然科学基金委 2023 年度企业创新发展联合基金联席工作会议在京召开。党组成员高瑞平主持会议。

7 月 27 日，自然科学基金委召开评审专家被“打招呼”顽疾专项整治工作情况介绍会，向主题教育中央第三十八指导组报告有关工作情况。党组书记、主任窦贤康出席会议并介绍情况，主题教育中央第三十八指导组组长李秀领，指导组成员王升学、赵怀乾、朱晨出席会议。党组成员、副主任兼秘书长、机关党委书记韩宇主持会议。

7 月 27—28 日，第六届国家自然科学基金委员会监督委员会成立大会暨第六届监督委员会第一次全体委员会议在京召开。党组书记、主任窦贤康，第六届监督委员会主任陈宜瑜，中央纪委国家监委驻科学技术部纪检监察组副组长兰池军出席成立大会并讲话。党组成员、副主任兼秘书长韩宇主持会议。

7 月 28 日，自然科学基金委副主任兰玉杰会见加拿大渥太华大学副校长西尔万·沙博诺（Sylvain Charbonneau）。

7 月 30—31 日，自然科学基金委 2023 年度国家重大科研仪器研制项目（部门推荐）评审会议在京召开。党组书记、主任窦贤康出席会议并讲话，党组成员高瑞平主持会议。

7 月 31 日，国家自然科学基金可持续发展国际合作科学计划科学专家组会议在京召开。党组成员、副主任兰玉杰出席会议并讲话。

8 月

8 月 3 日，自然科学基金委主题教育检视整改工作推进会在京召开。党组成员、副主任兼秘书长、主题教育领导小组副组长韩宇出席会议并讲话。

8 月 16—17 日，自然科学基金委党组书记、主任窦贤康带队赴内蒙古自治区开展定点帮扶督导并调研科技支撑乡村振兴。内蒙古自治区副主席包献华，自治区政协副主席、科学技术厅厅长孙俊青出席有关调研活动，自然科学基金委党组成员、副主任兼秘书长韩宇参加调研。

8 月 18 日，中共国家自然科学基金委员会党组学习贯彻习近平新时代中国特色社会主义思想主题教育调研成果交流会在京召开。主题教育中央第三十八指导组组长李秀领、副组长王炳南，指导组成员周姗珊、王升学、朱晨等同志到会指导。自然科学基金委党组及领导班子成员，中央纪委国家监委驻科学技术部纪检监察组副组长兰池军出席会议。受党组书记、主任窦贤康委托，党组成员、副主任兼秘书长、机关党委书记韩宇主持会议。

8 月 22—25 日，首届国家自然科学基金青年学生基础研究项目评审会议在北京、合肥两地召开。会议对清华大学、北京大学等八所试点高校的优秀本科生申请人进行了面试考察。自然科学基金委党组书记、主任窦贤康出席会议并讲话，教育部党组成员、副部长吴岩出席会议，自然科学基金委党组成员高瑞平主持会议。

8 月 23 日，自然科学基金委主任窦贤康会见德国研究联合会（German Research Foundation）国际合作局副局长兼中德科学中心德方主任顾英莉（Ingrid Krüßmann）一行。

8 月 24 日，由自然科学基金委信息科学部和安徽省科学技术厅等单位联合主办的首届全国工业互联网创新大赛在合肥举行。自然科学基金委党组成员、副主任陆建华参加颁奖仪式并致辞。

9 月

9 月 4—8 日，自然科学基金委副主任江松率团访问土耳其，与土耳其科技研究理事会（TÜBİTAK）主席哈桑·曼达尔（Hasan Mandal）举行双边会晤。

9 月 4 日，自然科学基金委主任窦贤康会见古巴科学院院长路易斯·委拉斯开兹（Luis Velázquez）博士一行。

9 月 8 日，自然科学基金委主任窦贤康会见发展中国家科学院（TWAS）院长夸列拉沙·阿卜杜勒·卡里姆（Quarraisha Abdool Karim）教授。自然科学基金委党组成员高瑞平、咨询委员会主任杨卫参加会见。

9 月 8 日，中共国家自然科学基金委员会党组学习贯彻习近平新时代中国特色社会主义思想主题教育总结大会在京召开。主题教育中央第三十八指导组副组长王炳南出席会议并讲话，自然科学基金委党组书记、主任、主题教育领导小组组长窦贤康主持会议并作总结报告，主题教育中央第三十八指导组组长李秀领及中央纪委国家监委驻科学技术部纪检监察组有关同志出席会议。

9 月 12 日，自然科学基金委主任窦贤康会见英国曼彻斯特大学校长南希·罗思韦尔（Nancy Rothwell）一行。

9 月 13 日，自然科学基金委主任窦贤康会见爱思唯尔集团首席执行官白可珊女士一行。

9 月 14 日，自然科学基金委机构改革转隶人员欢迎会在京召开。党组书记、主任窦贤康出席会议并讲话，党组成员、副主任于吉红，党组成员高瑞平，中央纪委国家监委驻科学技术部纪检监察组副组长兰池军出席会议，党组成员、副主任兰玉杰主持会议，自然科学基金委各部门和各直属单位主要负责同志，中国 21 世纪议程管理中心、高技术研究发展中心（基础研究管理中心）全体工作人员参加会议。

9 月 14 日，自然科学基金委副主任兰玉杰会见国际山地综合发展中心（ICIMOD）主任白玛·嘉措（Pema Gyamtsho）。

9 月 19 日，自然科学基金委主任窦贤康会见英国大学校长代表团，副主任兰玉杰参加会见。

9 月 28 日，全国人大常委会副委员长、九三学社中央主席武维华带队到自然科学基金委调研。自然科学基金委党组书记、主任窦贤康出席并主持调研会。全国人大常委会委员、宪法和法律委员会副主任委员、九三学社中央副主席、中国工程院院士丛斌，全国政协常委、副秘书长、九三学社中央副主席刘政奎，全国政协常委、九三学社中央原副主席赖明，自然科学基金委党组成员高瑞平，九三学社中央有关部门负责同志及工作人员参加调研。

10 月

10 月 9 日，国家自然科学基金委员会 - 中国科学院学科发展战略研究工作联合领导小组第十次会议在京召开。联合领导小组组长、自然科学基金委党组书记、主任窦贤康和联合领导小组组长、中国科学院党组成员、副院长常进出席会议并讲话。联合领导小组副组长、自然科学基金委党组成员高瑞平主持会议。

10 月 13 日，自然科学基金委“理论物理专款”设立 30 周年研讨会在京召开。自然科学基金委党组成员、副主任江松，中国科学院党组成员、副院长常进出席会议。

10 月 16 日， 自然科学基金委双清论坛二十周年调研座谈会会议在京召开。党组成员高瑞平主持会议。

10 月 16—25 日， 自然科学基金委主任窦贤康率团赴法国、德国、瑞士，对法国国家科学研究中心（CNRS）、德国研究联合会（DFG）、瑞士国家科学基金会（SNSF）、巴黎西岱大学、波恩大学、德国洪堡基金会、国际能源署、欧洲核子研究中心以及科学欧洲等九家单位进行访问。

10 月 17—18 日， 自然科学基金委国家重大科研仪器研制项目管理工作培训与研讨会议在长春召开。自然科学基金委党组成员高瑞平出席会议并讲话。

10 月 23—28 日， 自然科学基金委党组成员高瑞平率团赴香港、澳门开展调研工作。

10 月 30 日，自然科学基金委高技术研究发展中心 2023 年度国家重点研发计划重点专项项目评审会在京召开。党组书记、主任窦贤康出席会议并讲话，党组成员、副主任兰玉杰出席会议，高技术研究发展中心领导班子及相关处室负责同志参加会议。

10 月 31 日，中共国家自然科学基金委员会党组会议审议通过《国家杰出青年科学基金项目结题分级评价及延续资助工作方案》，明确自 2024 年起，对上一年底资助期满的国家杰出青年科学基金项目开展结题分级评价，择优遴选优秀项目给予滚动支持，5 年资助期满后再择优遴选一部分给予持续支持，通过 15 年近 3 000 万元的高强度支持，集中优势资源培养、造就高水平领军人才。

11 月

11 月 1—2 日，中共国家自然科学基金委员会党组 2023 年度务虚研讨会议在京召开。党组书记、主任窦贤康主持会议，会议围绕“优化多元投入机制，提升联合基金资助效能”“完善重大类型项目立项、评审和管理机制”等主题进行深入研讨，自然科学基金委党组及领导班子成员，中央纪委国家监委驻科学技术部纪检监察组领导同志，自然科学基金委咨询委员会和监督委员会领导同志、各科学部主任（兼职）以及全委局级以上干部等参加会议。

11 月 3—4 日，自然科学基金委 2023 年女干部能力素质提升培训班在京举办。党组书记、主任窦贤康出席会议并讲话，党组成员高瑞平出席开班式。

11 月 5—12 日， 自然科学基金委副主任兰玉杰率团赴英国、瑞典，出席第五届自然科学基金委与英国国家科研与创新署（UKRI）双年战略会，并对英国皇家学会（RS）、瑞典科研与教育国际合作基金会（STINT）、瑞典研究理事会（VR）、英国伦敦大学学院、瑞典皇家理工学院、瑞典卡罗林斯卡医学院、英国曼彻斯特大学等七家单位进行访问交流。

11 月 8—10 日， 自然科学基金委 2023 年党务干部党建业务能力培训班在京举办。党组成员、副主任兼秘书长、机关党委书记韩宇出席会议并做开班动员讲话。中央纪委国家监委驻科学技术部纪检监察组副组长兰池军做专题报告。

11 月 15 日， 国家自然科学基金优秀成果推介会在重庆市举办。自然科学基金委党组成员、副主任兼秘书长韩宇出席会议并讲话。

11 月 17 日， 国家自然科学基金委员会 - 中国工程院“中国工程科技未来 20 年发展战略研究”工作联合领导小组第五次会议在京召开。联合领导小组组长、自然科学基金委党组书记、主任窦贤康，联合领导小组组长、中国工程院党组书记、院长李晓红出席会议并讲话。联合领导小组副组长、中国工程院党组成员、副院长吴曼青主持会议，联合领导小组副组长、自然科学基金委党组成员高瑞平出席会议。

11 月 17 日，自然科学基金委科技创新和基础研究发展专题讲座在京举办。会议邀请浙江大学微纳电子学院院长、中国工程院院士吴汉明作专题报告。党组成员、副主任于吉红、江松，党组成员、副主任兼秘书长韩宇，党组成员高瑞平出席报告会。

11 月 20—22 日，第二十届亚洲研究理事会主席会议（A-HORCs）在广州召开。自然科学基金委主任窦贤康、韩国国家研究基金会（NRF）主席李光馥（LEE Kwang Bok）、日本学术振兴会（JSPS）理事长杉野刚（SUGINO Tsuyoshi）分别率代表团出席。

11 月 22 日，自然科学基金委主任窦贤康会见法国巴黎西岱大学理学部代表团一行。

11 月 23 日，自然科学基金委主任窦贤康会见德国霍尔茨布林克出版集团首席执行官、施普林格·自然集团监事会主席斯蒂芬·冯·霍尔茨布林克（Stefan von Holtzbrinck）博士一行。

11 月 24 日，自然科学基金委主任窦贤康会见美国驻华大使尼古拉斯·伯恩斯（Nicholas Burns），双方就落实旧金山愿景以及推动中美基础研究合作和人员交流深入交换意见。自然科学基金委副主任于吉红参加会见。

11 月 25 日，自然科学基金委科学传播与成果转化中心与雄安新区科学园管委会在雄安新区举行战略合作协议签署仪式。自然科学基金委党组成员、副主任兼秘书长韩宇出席并致辞。

11 月 27 日，中央纪委国家监委驻科学技术部纪检监察组与中共国家自然科学基金委员会党组召开 2023 年第 2 次全面从严治党专题会商会，围绕“深入学习领会习近平总书记关于党的建设和组织工作的重要指示精神，大力加强科学基金领导班子和干部队伍建设”主题开展专题会商。中央纪委国家监委驻科学技术部纪检监察组组长高波出席会议并讲话，自然科学基金委党组书记、主任窦贤康主持会议并讲话，中央纪委国家监委第二监督检查室范书之到会指导，中共国家自然科学基金委员会党组及领导班子成员、中央纪委国家监委驻科学技术部纪检监察组副组长兰池军出席会议。

11 月 28 日，中共国家自然科学基金委员会党组会议决定，自 2024 年起，国家杰出青年科学基金项目、优秀青年科学基金项目和青年科学基金项目等三类项目的申请条件、评审流程对港澳和内地依托单位保持一致，同台竞争、择优资助。

11 月 28 日—12 月 2 日， 自然科学基金委副主任于吉红率团访问新西兰，与新西兰商业、创新与就业部副部长尼克·布雷克利（Nic Blakeley）在惠灵顿共同签署《中国国家自然科学基金委员会与新西兰商业、创新与就业部科学合作安排备忘录》。

12 月

12 月 3—5 日， 自然科学基金委主任窦贤康率团赴澳门访问澳门科学技术发展基金、澳门大学和澳门科技大学，并参加“月球与行星科学国家重点实验室”第二届学术委员会会议。

12 月 5 日， 自然科学基金委数学物理科学部第九届专家咨询委员会第一次会议在京召开。党组成员、副主任江松，数学物理科学部主任陈仙辉为新一届数学物理科学部专家咨询委员会委员颁发聘书并讲话。

12 月 5 日， 自然科学基金委科学传播与成果转化中心与广西壮族自治区科学技术厅、钦州市人民政府签署合作备忘录。自然科学基金委党组成员、副主任兼秘书长韩宇，广西壮族自治区副主席廖品琥出席签约活动。

12 月 11 日，自然科学基金委生命科学部第九届专家咨询委员会成立大会暨第一次全体会议在京召开。党组成员、副主任张学敏为新一届生命科学部专家咨询委员会委员颁发聘书并讲话，生命科学部主任种康主持会议。

12 月 11 日，自然科学基金委医学科学部第六届专家咨询委员会第一次会议在京召开。党组书记、主任窦贤康为新一届医学科学部专家咨询委员会委员颁发聘书并讲话，党组成员、副主任张学敏出席会议并讲话。

12 月 13—14 日，国家自然科学基金委员会第六届监督委员会第二次全体委员会议在京召开。监督委员会主任陈宜瑜主持全体委员会议和生命医学专业委员会会议，副主任何鸣鸿主持综合专业委员会会议，中央纪委国家监委驻科学技术部纪检监察组刘耀参加会议。

12 月 14 日，中德科学中心第 26 届联委会在德国耶拿召开。自然科学基金委副主任韩宇率团赴德国参加会议。联委会中方委员、北京大学讲席教授谢心澄，吉林大学校长张希，德国研究联合会（DFG）副主席、联委会德方主席阿克塞尔·布拉克哈格（Axel Brakhage），DFG 秘书长、联委会德方委员海德·阿伦斯（Heide Ahrens），马克斯·普朗克学会等离子物理研究所及奥古斯堡大学教授乌尔泽尔·凡茨（Ursel Fantz）和埃尔兰根 - 纽伦堡大学教授马提亚斯·戈肯（Mathias Göken）出席会议。

12 月 18 日，2023 年度国家自然科学基金管理工作会议在京召开。会议回顾总结了 2023 年科学基金资助与管理工作，介绍了新时期科学基金改革思路和举措，部署了 2024 年科学基金有关工作。党组书记、主任窦贤康出席会议并讲话，党组及领导班子成员出席会议，党组成员、副主任兼秘书长韩宇主持开幕式。

12 月 28 日，自然科学基金委工程与材料科学部第九届专家咨询委员会第一次全体会议在京召开。党组成员、副主任陆建华为新一届工程与材料科学部专家咨询委员会委员颁发聘书并讲话。

12 月 28 日，自然科学基金委管理科学部第九届专家咨询委员会 2023 年度第一次会议在京召开。党组成员、副主任江松为新一届管理科学部专家咨询委员会委员颁发聘书并讲话。

二、双清论坛

2023年，双清论坛深入学习贯彻党的二十大精神，深入贯彻习近平总书记在中共中央政治局第三次集体学习时的重要讲话精神，坚持“四个面向”要求，围绕科学基金“十四五”发展规划，统筹基础研究、应用基础研究和人才培养，坚持目标导向和问题导向，加强战略研讨平台建设，强化论坛的战略研究功能，研讨凝练引领科学前沿发展、服务国家重大需求的重要科学问题，研究深化科学基金改革、提升科学基金资助效能的思路举措，支撑基础研究前瞻性、战略性、系统性布局。双清论坛全年共举办37期（附表2-1），与会专家1 600余人次。

2023年是双清论坛创办的20周年。论坛通过组织高水平科学家，共同研讨提出前瞻性、综合性和交叉性的科学问题，对基础研究发展、科学基金资助工作发挥了重要的作用（附图2-1、附图2-2）。为贯彻落实新时代党中央赋予科学基金的新使命、新要求，2023年，自然科学基金委启动了加强双清论坛建设的调研，推进双清论坛组织管理优化，提升论坛全过程质量成效。一是注重创新研讨模式，提升研讨效果，根据主题设置，规范并试行实地调研交流的研讨形式，促进参会专家更好地理解技术、工程中的科学问题，加强学科间交流互动；二是更加广泛地邀请相关部委、企业的专家，更好地讨论、凝练重大应用研究中的科学问题，推动政产学研融合；三是注重人才培养，进一步提高青年专家的比例，试点“集成电路”青年双清论坛，充分发挥青年专家积极务实、思维活跃、充满热情的特点，培养更多科技创新“筑梦人”和“逐梦人”；四是完善符合科学规律的论坛管理模式，注重主题遴选和议程设计，充分发挥论坛主题宏观把握和战略引导作用，鼓励参会专家聚焦主题和核心议题全程、多次参与研讨互动，保障讨论时间，提升研讨效果，支撑产出高水平研讨成果。

附图2-1 “我国医学科学研究结构布局战略研讨”双清论坛

附图2-2 “新污染物治理的关键基础科学问题及对策”双清论坛

2023 年，双清论坛更加重视成果宣传工作，建立了 *Fundamental Research*、《中国科学基金》委内刊物和《国家科学评论》《科学通报》《中国科学》等委外刊物协同的成果宣传机制，论坛研讨成果质量和宣传效果显著提升。双清论坛更加注重发挥服务国家的科技战略咨询功能，积极建言献策，基于研讨成果形成向中央报送“两报一参”（简报、信息、内参），有力支撑了科技强国建设。

附表 2-1 2023 年双清论坛主题目录

第 316 期：精密（量子）测量时代下的时空基准研究 （2023 年 3 月 15—16 日）	第 344 期：大规模商务场景的统计管理理论 （2023 年 9 月 14—15 日）
第 326 期：建筑碳中和的关键前沿基础科学问题 （2023 年 2 月 23—24 日）	第 345 期：教育、科技、人才一体布局与科学基金发展战略 （2023 年 8 月 30—31 日）
第 327 期：我国医学科学研究结构布局战略研讨 （2023 年 3 月 21—22 日）	第 346 期：高速磁浮交通前沿技术及关键基础科学问题 （2023 年 9 月 14—15 日）
第 328 期：纳米合成生物学的疾病诊疗前沿 （2023 年 3 月 6—7 日）	第 347 期：集成电路未来发展及关键问题 （2023 年 9 月 25—26 日）
第 329 期：单分子新奇物理化学现象的精准表征及调控 （2023 年 3 月 21—22 日）	第 348 期：材料生物学的新技术和新策略 （2023 年 9 月 26—27 日）
第 330 期：原子级制造的基础科学问题 （2023 年 3 月 23—24 日）	第 349 期：战略元素天然同位素的分离及其重大作用 （2023 年 10 月 15—16 日）
第 331 期：用现代科学解读中医药学原理 （2023 年 3 月 27—28 日）	第 350 期：畜禽重要临床疾病防控的关键科学问题 （2023 年 10 月 19—20 日）
第 332 期：康复医学科研范式变革与交叉创新 （2023 年 3 月 29—30 日）	第 351 期：深部地热资源勘查与开发利用的基础研究 （2023 年 10 月 21—22 日）
第 333 期：人类世科学 （2023 年 4 月 3—4 日）	第 352 期：隐私计算的新理论方法与关键应用 （2023 年 10 月 24 日）
第 334 期：高精度量子操控与探测的前沿及展望 （2023 年 4 月 9—10 日）	第 353 期：复杂恶劣条件下水电开发基础科学问题 （2023 年 10 月 25—26 日）
第 335 期：数智服务运营管理理论与方法 （2023 年 4 月 20—21 日）	第 354 期：矿冶工程低碳科学基础 （2023 年 10 月 26—27 日）
第 336 期：破译生命的糖质密码 （2023 年 4 月 24—25 日）	第 355 期：数学软件的挑战和机遇 （2023 年 10 月 27—28 日）
第 337 期：RNA 研究的前沿与挑战 （2023 年 4 月 29—30 日）	第 356 期：多学科交叉的检验医学 （2023 年 11 月 16—17 日）
第 338 期：行为科学与经济政策设计 （2023 年 5 月 5—6 日）	第 357 期：RNA 与重大疾病诊疗 （2023 年 11 月 21—22 日）
第 339 期：镁内禀功能拓展中的科学问题 （2023 年 5 月 8—9 日）	第 358 期：“双碳”目标下能源转化与利用科学问题 （2023 年 11 月 27—28 日）
第 340 期：稀土资源及其绿色高效利用 （2023 年 5 月 9—10 日）	第 359 期：食品科学多学科交叉的关键科学问题 （2023 年 12 月 7—8 日）
第 341 期：芯片制造电子电镀表界面科学基础 （2023 年 5 月 27—28 日）	第 360 期：决定亚洲季风区气候与环境系统年代际变化的关键过程及复杂系统动力学 （2023 年 12 月 9—10 日）
第 342 期：数理视角下的生命运动 （2023 年 7 月 10—11 日）	第 361 期：新污染物治理关键基础科学问题及对策 （2023 年 12 月 27—28 日）
第 343 期：二维信息材料与器件技术 （2023 年 8 月 21—22 日）	

三、国家自然科学基金委员会管理行政规范性文件体系

根据《国家自然科学基金条例》，截至2023年12月31日，制定实施有关科学基金组织管理、程序管理、资金管理、监督保障等四个方面的行政规范性文件共37项。

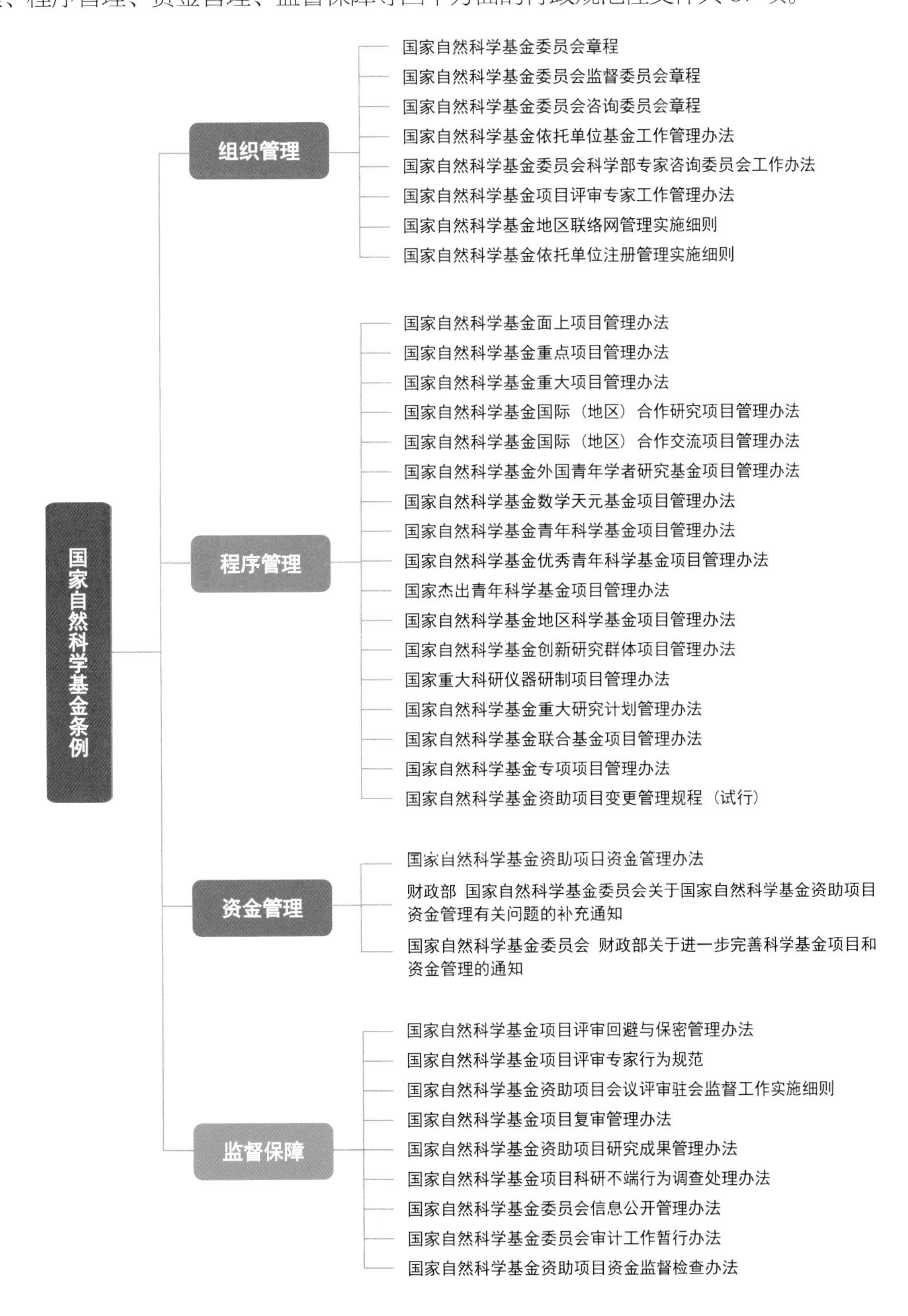